Python程序设计基础项目教程

主　编　吴　敏　　刘玉耀　　杨　云

副主编　温凤娇　　黄莹达　　余建浙　　刘志堃

ZHEJIANG UNIVERSITY PRESS

浙江大学出版社

·杭州·

图书在版编目（CIP）数据

Python程序设计基础项目教程 / 吴敏,刘玉耀,
杨云主编. —杭州:浙江大学出版社,2024.1
ISBN 978-7-308-22673-8

Ⅰ.①P… Ⅱ.①吴… ②刘… ③杨… Ⅲ.①软件工
具—程序设计—高等职业教育—教材 Ⅳ.①TP311.561

中国国家版本馆CIP数据核字(2024)第013884号

Python程序设计基础项目教程

Python CHENGXU SHEJI JICHU XIANGMU JIAOCHENG

主　编　吴　敏　刘玉耀　杨　云

责任编辑	吴昌雷
责任校对	王　波
封面设计	程　晨
出版发行	浙江大学出版社
	（杭州市天目山路148号　邮政编码310007）
	（网址:http://www.zjupress.com）
排　　版	杭州晨特广告有限公司
印　　刷	杭州捷派印务有限公司
开　　本	787mm×1092mm　1/16
印　　张	18
字　　数	427
版 印 次	2024年1月第1版　2024年1月第1次印刷
书　　号	ISBN 978-7-308-22673-8
定　　价	59.00元

前　言

党的二十大报告指出："必须坚持科技是第一生产力、人才是第一资源、创新是第一动力,深入实施科教兴国战略、人才强国战略、创新驱动发展战略,开辟发展新领域新赛道,不断塑造发展新动能新优势。"近年来,人工智能技术迅速发展,特别是AI大模型快速涌现和广泛应用,这对于行业创新以及国家发展都具有重大意义。

Python是一种功能强大且备受欢迎的编程语言,它在过去几年中取得了巨大的发展和成就。作为一门通用编程语言,Python被广泛应用于各个领域,从Web开发到数据科学、人工智能和自动化测试等。其简洁而易读的语法结构,以及丰富的第三方库和框架,使得Python成为初学者和专业开发人员的首选语言之一。

本书是浙江省高职院校"十四五"重点立项建设教材,旨在为读者提供全面而深入的Python编程基础知识。通过本书,我们将带领读者探索Python的核心概念、语法和实践,同时引导他们通过实际示例和项目应用来巩固所学知识。

本书共计10章,具有以下特点,使其成为一本易教易学、实用丰富的教材:

(1)融入课程思政,服务"五育"共建。

本教材将课程与思想政治教育相融合,通过"思政讲堂"引导学生树立正确的技能观、人生观和世界观。培养学生的工匠精神,在潜移默化中培育学生的社会主义核心价值观,提高其综合职业素养,使学生成为"德、智、体、美、劳"全面发展的时代接班人。

(2)项目引领、任务驱动,校企"双元"合作开发理实一体教材。

教材以企业项目为基础,以任务驱动的方式完成项目,并配以实训项目,以巩固对Python语言的理解。本书的编写团队由行业专家、教学名师和专业负责人等组成,跨地区、跨学校联合编写,经过多校教师的联合探讨,体现了产教深度融合和校企合作开发的特点。

(3)产教深度融合,书证融通、课证融通。

本教材将人工智能训练师等人力资源和社会保障部的相关职业资格认证标准融入教材,将职业资格认证内容和企业工程项目融入教材,实现了书证融通和课证融通的目标。

(4)提供"教、学、做、导、考"一站式课程解决方案。

教材编写团队将LEEPEE教学法、教材、课堂和教学资源相融合,开发了丰富的数字化教学资源,包括教学设计、教案、课程标准、授课计划、课堂任务、课后提升任务、知识点任务和试题库等。这种一站式的课程解决方案满足了信息化时代混合式教学的新要求。

（5）教材内容丰富，代码完整，可实践性强。

全书语言精练，实践性强，体现了Python简洁、优雅的特点。所有的任务均可通过编程实现，代码完整。学生完全可以独立完成所有案例的程序编写，在实践中掌握Python编程基础知识，为后续课程的学习打下坚实的基础。

（6）遵循"三教"改革精神，创新教材形态。

本教材采用"纸质教材+电子活页"的形态，以适应当代教学的需求。这种形式创新使教学更加便捷，有助于学生更好地学习和理解教材内容。

通过本书，我们希望读者能够全面掌握Python的编程技能，并能够运用所学知识开发创新的项目和应用。Python的发展和应用前景令人振奋，让我们一起踏上这趟令人兴奋的编程之旅！

本书由吴敏、刘玉耀、杨云担任主编，温凤娇、黄莹达、余建浙、刘志堃担任副主编。感谢温州商学院温凤娇老师、温州科技职业学院黄莹达老师和中国移动广西公司高级工程师刘志堃撰写本教材辛勤付出。订购教材后请向编者索要全套备课包，编者QQ号为23126653，QQ群号码为587300825。

编　者

2023 年 11 月

目　录

项目 1　Python 概述

项目导入: Python 自诞生至今一直以简易著称,其开发的程序可读性强,非常适合初学者学习。同时,Python 的应用范围也非常广泛,覆盖了 Web 开发、网络爬虫、大数据分析、云计算、人工智能、金融等多个领域。因此,Python 自身强大的优势决定了它有着不可限量的发展前景。

　　在本项目中,我们将学习如何下载和安装 Python 开发工具,为后续的课程内容做好铺垫。

职业能力目标与要求:

⇨ 了解 Python 的发展历史	⇨ 掌握 PyCharm 软件的下载和安装
⇨ 掌握 Python 软件的下载与安装	⇨ 了解 Python 其他开发工具

课程思政目标与案例:

⇨ 引导学生养成良好的行为习惯、价值观和道德品质,培养自律能力和社会责任感	⇨ 学生守则

1.1 知识准备

1.1.1　Python 的诞生及发展

　　Python 的创造者是荷兰人吉多·范·罗苏姆(Guido van Rossum),他被称为 Python 之父。在 Python 诞生之前,Guido 参与了一款名为 ABC 语言的项目,该语言旨在为教学和非专业程序员设计,拥有优美而强大的特性,但最终未能成功。Guido 认为该语言的封闭性是导致失败的最主要原因。

　　1989 年圣诞节期间,Guido 在荷兰阿姆斯特丹为了打发时间,开始着手开发一款新的解释型程序语言,圣诞节结束后,Python 解释器原型诞生了。经过一年多的开发和优化,为了避免像 ABC 语言那样的失败,Guido 在 1991 年将 Python 的解释器正式开源,使其成了互联网上的一个开源项目。

Python从诞生之后,经历了近30年的发展历程,从Python 2.x系列发展到Python 3.x系列。目前,Python 2.x系列已经停止开发,而Python 3.x系列更加规范,支持的库更多,受到了越来越多开发者的青睐。特别是从2018年开始,Python出现井喷式的发展,强势成为业内第一,成为当之无愧的解释型语言的领头羊。在2023年6月发布的TIOBE全球编程语言热度排行榜中,Python语言连续两年位居第一,如图1-1所示。

Jun 2023	Jun 2022	Change		Programming Language	Ratings	Change
1	1			Python	12.46%	+0.26%
2	2			C	12.37%	+0.46%
3	4	^		C++	11.36%	+1.73%
4	3	˅		Java	11.28%	+0.81%
5	5			C#	6.71%	+0.59%
6	6			Visual Basic	3.34%	-2.08%

图1-1　TIOBE全球编程语言排名

Python翻译成中文就是蟒蛇的意思,而吉多·范罗苏姆给这门语言取名Python的原因,就是他在1989年圣诞节期间正在看一部名为《蒙提·派森的飞行马戏团》(*Monty Python's Flying Circus*)的英国电视剧,这部剧非常有趣而且具有创新性。Guido被该剧的幽默和创意深深吸引,于是在开发新的解释型程序语言时,以该电视剧的名字Python作为语言的名称,以表达对该电视剧的敬意。所以,Python这个名称的选择是一种有趣的巧合,也让这门语言的名称更加具有个性和特色。

1.1.2　解释器

在1991年,Guido将Python的解释器正式开源,那么什么是解释器呢？我们知道,计算机只能理解由0和1组成的机器语言,而程序员所编写的其他语言,需要翻译成机器语言才能被计算机执行,而将其他语言翻译成机器语言的工具,被称为编译器。

根据编译器的翻译方式,可以将其分为两种,一种是编译,另一种是解释。编译器以编译方式运行时,需要将程序一次性翻译成机器语言程序后再执行,而解释器则以逐行解释的方式运行,直接读取源代码并将其转换为机器语言并执行。可以简单理解为解释器是将程序一行一行地解释并执行。

Python解释器就是逐行解释Python语言的源代码并执行的工具。因此,Python被称为一门解释型语言。具体的工作过程如图1-2所示。

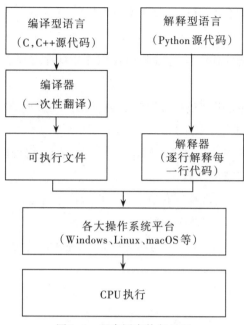

图 1-2　程序语言执行过程

　　编译型语言在自己的开发环境下开发完成后,将源代码交给编译器。编译器将源代码一次性统一编译成机器语言,并最终保存为可执行文件,比如我们在 Windows 系统上看到的各类 .exe 文件。当我们需要执行这些文件时,在 Windows 平台上只要双击该可执行文件就能提交给 CPU 去执行,像 C 语言、C++ 语言等都属于编译型语言。

　　解释型语言在开发环境下编写好源代码,把源代码提交给解释器。解释器会一行一行地读取代码,即按从上到下的顺序读取一行代码,将其翻译成机器语言后马上交给CPU 执行。在 CPU 执行期间,解释器继续读取第二行代码,依次进行,直到所有代码完成。比如 Python 语言等为解释型语言。

　　那么如何选择一门编程语言进行学习呢? 主要考虑两个因素:执行速度和跨平台能力。

　　从速度上看,在程序执行过程中,编译型语言是编译完成后统一执行,执行速度快;解释型语言要解释一行执行一行,运行速度相对较慢。

　　跨平台能力是指我们开发完成的程序可以在 Windows 平台、Linux 平台、MAC 平台等各大平台都能运行。从跨平台的角度看,对于编译型语言,如果使用某个平台的编译器编译完成,最终生成的可执行文件只能在该平台运行,其他平台无法运行;而对于解释型语言,只要完成源代码开发后,在任何平台上只要安装相应的解释器就可以运行,比如写好的源代码在 Windows 平台只要安装了该平台的解释器就能运行,在 Linux 平台安装Linux 平台的解释器同样能运行,不需要修改任何源代码,这就是解释型语言的优势。目前 Python 的解释器主要有以下几种:

（1）CPython。该解释器是由C语言开发,因此叫CPython。当我们安装好Python 3.x版本的软件后,自动就安装了CPython解释器。在命令行下执行Python语句时,默认执行的就是该解释器,在后续的代码执行过程中我们使用的都是该解释器。CPython解释器采用>>>作为提示符。

（2）IPython。IPython是以CPython解释器为基础并在交互方面进行了一定的强化的解释器。IPython解释器采用In[序号]:作为提示符。

（3）Jython。Jython是用Java语言编写的Python解释器,它可以在Java平台上运行,将Python代码编译成Java字节码执行。

（4）IronPython。IronPython是一种在微软.NET平台上运行的Python解释器,它可以将Python代码编译成.NET的字节码执行。

（5）PyPy。PyPy是以Python语言编写的解释器,其在执行速度上有显著的提高。

1.1.3 编码

编码是指采用某些基本符号,按照一定的组合原则,来表示大量复杂多样的信息的技术。字符编码是指采用二进制编码来表示数字、字母和其他符号。以下将主要介绍ASCII码、Unicode编码和UTF-8编码。

1. ASCII码

在计算机系统中,普遍采用ASCII码表示字符。ASCII码分两种版本,一种是7位二进制表示的标准ASCII码,另一种是8位扩展ASCII码。通常,国际上采用7位的ASCII码表示128(2^7=128)个字符,包括阿拉伯数字10个,英文大小写字母52个,各种运算符号和标点符号32个,以及控制字符34个。但在计算机中一个字节为8位表示一个字符,故将7位的ASCII码增加1位,最高位为"0"即可。ASCII码如表1-1所示。

表1-1 ASCII码

ASCII(二进制)	字符	ASCII(二进制)	字符	ASCII(二进制)	字符	ASCII(二进制)	字符
00000000	NUL	00001001	HT	00010010	DC2	00011011	ESC
00000001	SOH	00001010	LF	00010011	DC3	00011100	FS
00000010	STX	00001011	VT	00010100	DC4	00011101	GS
00000011	ETX	00001100	FF	00010101	NAK	00011110	RS
00000100	EOT	00001101	CR	00010110	SYN	00011111	US
00000101	ENQ	00001110	SO	00010111	ETB	00100000	space
00000110	ACK	00001111	SI	00011000	CAN	00100001	!
00000111	BEL	00010000	DLE	00011001	EM	00100010	"
00001000	BS	00010001	DC1	00011010	SUB	00100011	#

续表

ASCII(二进制)	字符	ASCII(二进制)	字符	ASCII(二进制)	字符	ASCII(二进制)	字符
00100100	$	00111011	;	01010010	R	01101001	i
00100101	%	00111100	<	01010011	S	01101010	j
00100110	&	00111101	=	01010100	T	01101011	k
00100111	'	00111110	>	01010101	U	01101100	l
00101000	(	00111111	?	01010110	V	01101101	m
00101001	)	01000000	@	01010111	W	01101110	n
00101010	*	01000001	A	01011000	X	01101111	o
00101011	+	01000010	B	01011001	Y	01110000	p
00101100	,	01000011	C	01011010	Z	01110001	q
00101101	−	01000100	D	01011011	[	01110010	r
00101110	.	01000101	E	01011100	\	01110011	s
00101111	/	01000110	F	01011101	]	01110100	t
00110000	0	01000111	G	01011110	^	01110101	u
00110001	1	01001000	H	01011111	_	01110110	v
00110010	2	01001001	I	01100000	`	01110111	w
00110011	3	01001010	J	01100001	a	01111000	x
00110100	4	01001011	K	01100010	b	01111001	y
00110101	5	01001100	L	01100011	c	01111010	z
00110110	6	01001101	M	01100100	d	01111011	{
00110111	7	01001110	N	01100101	e	01111100	|
00111000	8	01001111	O	01100110	f	01111101	}
00111001	9	01010000	P	01100111	g	01111110	~
00111010	:	01010001	Q	01101000	h	01111111	DEL

2. Unicode编码

1946年2月，美国诞生了世界上第一台计算机。由于美国等西方国家以英语为母语，因此所使用的字符数相对较少，这些字符均包含在7位的ASCII码表中。8位ASCII码可以表示2^8=256个字符，其中包含128个标准的ASCII码字符。剩下的128个空位可以提供给其他国家使用。例如，我们可以在这128个空位中选择一个位置，将其链接到一张新的中文编码表，如我国的国标码GB2312。同样，其他国家也可以采用这种方式进行编码。在中文编码表中，我们也希望能够显示其他国家的文字，因此需要将相应的文字编码加入表中。然而，即便如此，我们在国外下载的包含中文的文档，在国内打开时仍然会遇到乱码问题。这是因为国内和国外对中文编码的规定不同，导致无法识别，因此需要安装各种字符集。为解决这些编码问题，国际标准化组织提出了Unicode编码，即万国码。

Unicode编码是计算机科学领域中的一项行业标准,它包括字符集和编码方案等。Unicode编码的出现是为了更好地解决传统字符编码所产生的局限问题。它为每个字符提供了一个唯一的二进制编码,能够满足跨平台、跨语言的需求。Unicode编码规定至少用两个字节表示一个字符,但这也引发了一个问题。原本英文字符采用ASCII码表示,一个字节可以表示一个字符。而现在每个字符都需要两个字节表示,这导致了一个字节的浪费。因此,UTF8编码诞生了。

UTF-8编码是对Unicode编码的优化,不再要求每个字符至少要两个字节,而是根据不同范围的字符使用不同长度的编码。ASCII字符通常使用1个字节(8位)表示,欧洲字符通常使用1至2个字节表示,取决于所采用的具体编码方式,东亚字符(如中文、日文等)通常使用更多字节(如UTF-8编码中的3个或更多字节)来表示。

当使用Python语言编程时,你可能会发现在Python文件开头加入#--coding:UTF8--或#coding=utf8这样的内容。这是因为Python解释器在加载.PY文件中的代码时,会默认对内容进行编码(默认为ASCII码)。但ASCII码无法识别中文,因此会导致乱码问题。因此,需要在代码前加入#--coding:UTF8--这样的语句,告诉Python解释器应该使用什么编码来执行代码。对于Python 2编写的文件,必须在开头加入这一行,而对于Python 3,它默认的源文件编码方式是UTF8编码,字符串采用Unicode编码。因此,在Python 3中不需要在代码开头加入编码声明。

1.1.4 为什么选Python

全世界大约有600多种编程语言,其中有20多种非常流行。那么,为什么我们要选择Python作为我们的入门语言呢?

Python是一门高级编程语言,它的语法简单,易于理解和学习,因此成了很多初学者的入门语言。Python的设计理念是代码可读性强,这也使得代码的编写和阅读变得更加容易和简单。此外,Python具有丰富的标准库和第三方库,提供了很多现成的解决方案,大大降低了开发人员的工作量,同时也提高了开发的效率。Python可以用于很多领域,包括科学计算、机器学习、数据处理、Web开发、网络编程等,使得它成了一个多功能、通用性强的编程语言。另外,Python可以在多个平台上运行,具有良好的跨平台性。

虽然Python是一门解释型语言,但它的运行速度相对较快,通过一定的优化,可以获得很高的性能。同时,Python有丰富的第三方库支持,使得它可以与其他语言进行混合编程,提高了它的灵活性和可扩展性。

总之,选择Python作为入门语言的原因是它的简单易学、可读性强、高效灵活、跨平台等优点,同时也得益于Python在科学计算、机器学习、数据处理、Web开发等领域的广泛应用。

下面是输出"Hello Python"的几种语言实现的代码,以便对比学习。

C语言执行以下代码:

```c
#include <stdio.h>

int main(void) {
    printf("\nHello Python\n");
    return 0;
}
```

C++语言执行以下代码:

```cpp
#include <iostream>

int main() {
    std::cout << "Hello Python" << std::endl;
    return 0;
}
```

Java语言执行以下代码:

```java
public class Python {
    public static void main(String[] args) {
        System.out.println("Hello Python");
    }
}
```

PHP语言执行以下代码:

```php
<?php
    echo "Hello Python";
?>
```

Python语言执行以下代码：

```
print("hello Python")
```

从以上代码的简单比较中,我们明显能够看出Python在代码量上有优势。在一般情况下,实现相同的功能,Python的代码量只是C语言的五分之一左右,甚至更少。所以有人说"人生苦短,我用Python"。

1.1.5 Python语言的特点

(1)简单易学、明确优雅。相对于其他编程语言,Python的语法简洁明了,代码量少,容易上手。即使没有编程经验的新手,也可以通过Python学习编程,上手成本低。

(2)面向对象编程。Python支持面向过程编程和面向对象编程,即程序由数据和功能组成的对象构建而成。相比其他语言,Python以一种简单而又强大的方式实现面向对象编程。

(3)强大的标准库。Python内置非常强大的对象,包括正则表达式、文档生成、单元测试、线程、数据库、网页浏览器、FTP、电子邮件、XML、XML-RPC、HTML、WAV文件、密码系统和其他与系统有关的操作,能够帮助你处理各种工作。

(4)丰富的第三方模块。Python社区提供了大量的第三方模块,能够满足不同用户的需求,包括科学计算、机器学习、Web开发、爬虫等领域。这些第三方模块方便用户使用,也推动了Python的发展。

1.1.6 Python的优缺点

1. Python的优点

(1)Python提供了非常完善的基础代码库,覆盖了网络、文件、GUI、数据库、文本等大量内容,被形象地称作"内置电池(batteries included)"。用Python语言开发软件,许多功能不必从零编写,直接使用现成的即可。

(2)除了内置的库外,Python还有大量的第三方库,供开发者直接使用。当然,如果开发的代码通过很好的封装,也可以作为第三方库供别人使用。

很多大型网站就是用Python开发的,例如YouTube、Instagram,还有国内的豆瓣。许多大公司,包括Google、Yahoo等,甚至NASA(美国航空航天局)都大量地使用Python。

(3)Python的哲学是简单优雅,尽量写容易看明白的代码,尽量写少的代码实现相同的功能。初学者学Python,不但入门容易,而且将来深入下去,可以编写非常复杂的程序。

2. Python的缺点

(1)运行速度慢。和C程序相比非常慢,因为Python是解释型语言,代码在执行时会一行一行地被翻译成CPU能理解的机器码,这个翻译过程非常耗时,所以很慢。但是,Python可以使用一些优化工具,比如JIT(即时编译器),以提高执行速度。

(2)代码不能加密。如果要发布Python程序,实际上就是发布源代码,这一点与C语言不同,C语言程序不用发布源代码,只需要把编译后的机器码程序发布出去,而要从机器码程序反推出C语言程序是不可能的,所以,凡是编译型的语言,都没有这个问题。而解释型的语言,发布程序就是把源码发布出去。但是,Python程序可以使用加密工具,以保护源代码的安全性。

1.1.7　Python开发工具介绍

1. PyCharm

PyCharm是一款非常优秀的Python集成开发工具。它具有友好的图形用户界面,拥有代码自动补全、自动缩进、可选择解释器等功能,还可以单步执行或设置断点来调试程序。PyCharm在多个系统平台下都可以使用,适合开发大型项目,是专业开发者和初学者广泛使用的Python开发工具。

2. Visual Studio Code

Visual Studio Code是一款免费开源的轻量级代码编辑器,支持主流开发语言的语法高亮、智能代码补全、自定义快捷键等,有丰富的第三方插件支持,用户可以根据需要下载扩展插件来增强功能,使用非常简单。

3. Jupyter Notebook

Jupyter Notebook是基于Web网页的交互式计算环境,可以在网页页面中直接编写和运行代码。它允许用户创建和共享各种内容,包括实时代码、方程式、可视化和叙述文本的文档,支持多种编程语言,可以实现多种丰富形式的输出,用途包括数据清理和转换、数值模拟、统计建模、数据可视化和机器学习等。

4. Sublime Text

Sublime Text是一款多功能编辑器,支持多种语言,具有优秀的代码自动完成、代码片段等功能。它还具有良好的扩展能力和完全开放的用户自定义配置与编辑状态恢复功能,支持强大的多行选择和多行编辑。

5. IDLE

IDLE 是 Python 的基本 IDE(Integrated Development Environment,集成开发环境),具备基本的 IDE 功能,是非商业 Python 开发的不错选择。它还可以方便地调试 Python 程序,基本功能包括语法加亮、段落缩进、基本文本编辑、Table 键控制和调试程序等。

6. Spyder

Spyder 是一款免费开源的专业高效的 Python 集成开发工具,提供多种功能,包括代码补全、语法高亮、变量探索、类和函数浏览器及对象检查等。其最大的特点是模仿 Matlab 的"工作空间"的功能,可以方便地观察和修改数组的值。它支持 Windows、Linux 和 MacOS 等主流操作系统。

1.2 项目实施

本项目的所有操作都在 Windows 10 系统上进行,涉及的软件包括 Python-3.9.6-amd64.exe软件和pycharm-community-2021.1.3.exe。

目前,Python 有两个主要的版本,即 2.x 系列版本和 3.x 系列版本,它们存在一些语法、库等方面的差异。由于 Python 3.x 版越来越普及,我们的教程将以最新的 Python 3.9.6 版本为基础进行讲解。

任务1-1 Python软件下载与安装

（1）打开 Python 的官网"Python.org",如图 1-3 所示,将鼠标移动到导航栏的"Downloads"位置,展开菜单,单击"Windows",如图 1-4 所示。

图 1-3　单击 Downloads

图 1-4　单击"Windows"

（2）打开新的页面，如图 1-5 所示，（这里以 Windows 64位操作系统为例）从页面中找到并单击"Download Windows installer(64-bit)"，进行软件下载并完成。

图 1-5　下载 64 位 Python 安装软件

（3）双击运行刚下载的"Python-3.9.6-amd64.exe"软件，出现如图 1-6 所示界面，在安装界面里勾选两个复选框（如果第二个复选框没勾选，在安装完成后，需要手动将 Python 添加到系统的环境变量中），再单击"Customize installation"，之后默认安装，单击"next"按钮。

图1-6　Python添加环境变量

（4）勾选第一个"install for all users"，选择安装位置为"C:\ProgramFiles\Python39"，单击"install"按钮，如图1-7所示。

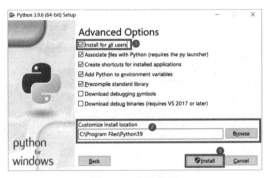

图1-7　安装位置

（5）自动完成安装，然后单击"Close"按钮，关闭窗口，如图1-8所示。

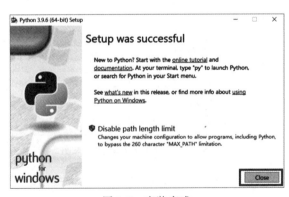

图1-8　安装完成

（6）在Windows 10系统中，单击任务栏上的"搜索"图标，在"搜索"框中输入"cmd"，按"Enter"键，弹出"命令提示符"窗口，在窗口中输入"Python"，按"Enter"，出现"Python

3.9.6（tags/v3.9.6:db3ff76,Jun 28 2021,15:26:21）[MSC v.1929 64bit (AMD64)]on win32 Type "help","copyright","credits"or"license"for more information." 等提示，说明 Python 3.9.6版本已经安装成功，如图1-9所示。

图1-9　测试安装成功

（7）如果在第（6）步命令提示符窗口中输入"Python"，提示："python 不是内部或外部命令，也不是可运行的程序或批处理文件"，这是由于在图1-6中没有勾选"Add Python 3.9 to PATH"前面的复选框，此时可以通过手动操作为 Python 配置环境变量。操作步骤如下：

①在桌面上右击【此电脑】，单击【属性】，打开"设置"窗口。选择该窗口右侧"相关设置"下的"高级系统设置"，如图1-10所示。

图1-10　高级系统设置

②打开"系统属性"窗口，在窗口中选中"高级"，单击"环境变量"按钮。如图1-11所示。

图1-11　系统属性窗口

③在图1-12中，单击"系统变量"中的"Path"，再单击"编辑"按钮。

图1-12　打开Path

④在图1-13中，单击右侧"编辑"按钮，在最下面一行输入"C:\ProgramFiles\Python39\"，即Python的安装路径，如图1-14所示。至此，Python的环境变量设置完成，重新

执行第(6)步,验证安装成功。

图 1-13　编辑 Path

图 1-14　输入 Path

扫码看微课

任务 1-2　PyCharm 软件下载与安装

(1)打开谷歌浏览器,在地址栏中输入 PyCharm 官网 https://www.jetbrains.com/pycharm/,如图 1-15 所示,单击右侧的"Download"按钮。

(2)在如图 1-16 所示的界面,单击"Windows",出现 2 个版本:专业版 Professional 和社区版 community,其中社区版是免费的,不用注册,功能完全够同学们学习使用,单击community 下的 Download,完成下载。

图 1-15　PyCharm 官网

图 1-16　PyCharm 版本选择

（3）双击软件"pycharm-community-2021.1.3.exe"，弹出如图 1-17 所示的界面，单击"Next"按钮。

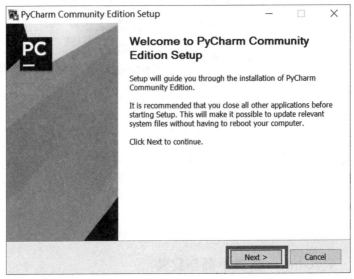

图 1-17　安装欢迎界面

（4）在图 1-18 所示的界面中，选择安装路径，这里以默认的路径"C:\ProgramFiles\Jet-Brains\PyCharm Community Edition 2021.1.3"进行安装，单击"Next"按钮。

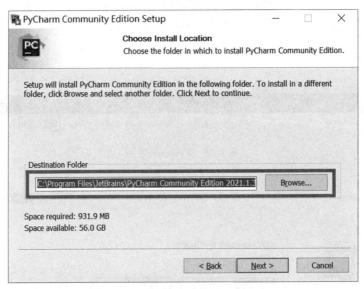

图 1-18　PyCharm 安装位置

（5）在图 1-19 所示的界面中，选中 Create Desktop Shortcut 下的"64-bitlauncher"复选按钮，以便最后在桌面能生成 PyCharm 的快捷方式，单击"Next"按钮，一直按默认设置进行下一步的安装，完成安装后，出现如图 1-20 所示界面，单击"Finish"按钮。

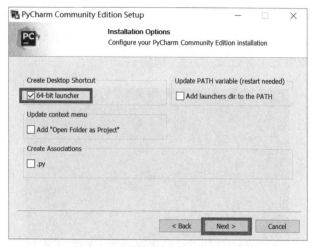

图 1-19　创建桌面快捷方式

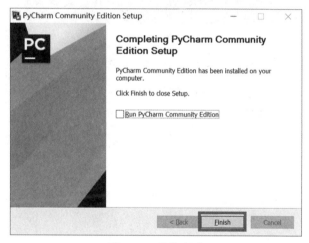

图 1-20　安装完成

扫码看微课

任务 1-3　创建工程和 Python 程序源文件

（1）双击"PyCharm Community Edition 2021.1.3 x64"桌面快捷方式，出现导入 PyCharm 配置文件界面，如图 1-21 所示。在该图中有 2 个选项的单选按钮，分别为配置或安装目录和不要导入设置，这里选择第二项，单击"OK"。

图 1-21　导入配置界面

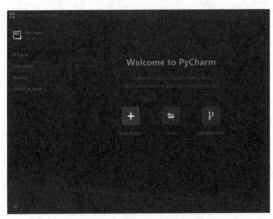
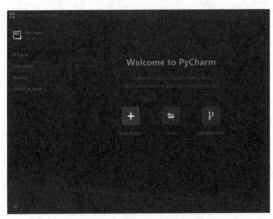

（2）出现图1-22所示的欢迎界面,在界面的左侧有"Projects"、"Customize"、"Plugins"和"Learn PyCharm"四个选项,单击"Customize",在窗口右侧的Color theme下选择"Windows 10 light",背景颜色由黑色变成白色,如图1-23所示。

图1-22　欢迎界面

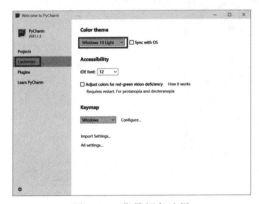

图1-23　背景颜色选择

（3）重新单击界面左侧的"Projects",在欢迎界面上选择"New Project",开始创建工程,如图1-24所示。

图1-24　创建工程

(4)在"New Project"窗口界面中,设置工程保存的位置,在"Location"的文本框中,设置"D:\my_py"为保存地址,单击"Create"按钮,如图1-25所示。

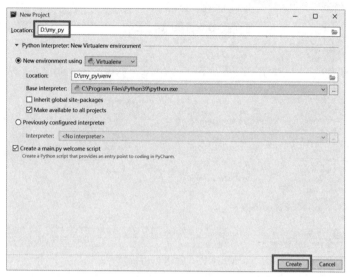

图1-25 工程保存位置

(5)创建完成后,在图1-26所示的界面中,窗口分为四个区域,分别为菜单栏、项目结构区、代码编写区和运行结果区。

菜单栏

图1-26 界面区域

(6)如图1-27所示,在项目结构区,右击工程名称"mypy",选择"New"→"PythonPackage",在弹出的"New Python Package"窗口中输入"first",键盘上按"Enter"键。如图1-28所示。

Python程序设计基础项目教程

图 1-27 创建 Python 包

图 1-28 Python 包名称

（7）此时，在项目结构区，新增了一个 Python 包："first"，包里默认包含一个"__init__.
py"文件。右击"first"，选择"New"→"Python File"，在弹出的"New Python File"窗口中输
入"MyPython"，如图 1-29 所示。在键盘上按"Enter"键，进入 Python 源文件"MyPython"的
编写状态，在默认的情况下，文件保存的类型为"Python File"类型，自动保存，如图 1-30
所示。

20

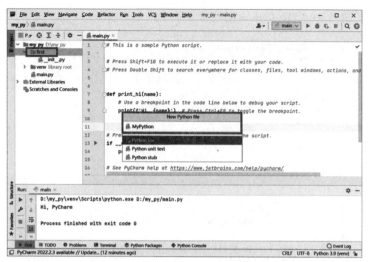

图 1-29 创建 python 源文件

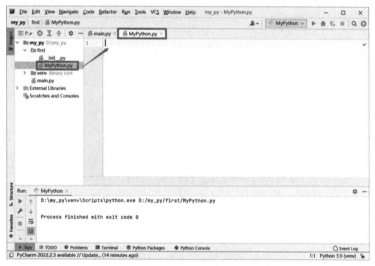

图 1-30 编辑状态

任务 1-4 第一个 Python 程序

在任务 1-3 中已经新建了 Python 源文件：MyPython.py，打开源文件，顶格输入 1 行代码，如下：

```
print("Hello, world!")
```

如图 1-31 所示，在菜单栏中选择"Run"→Run 'MyPython'命令来运行该文件（或在编辑区单击右键,选择 Run 'MyPython'运行该文件)。

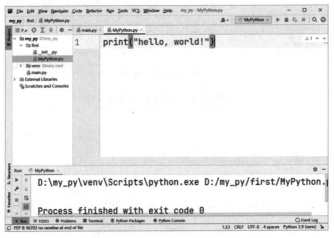

图 1-31   第一个 Python 代码图

运行的结果会在 Python 的运行结果区显示结果,如图 1-32 所示。

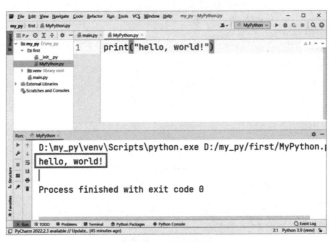

图 1-32   运行结果

1.3 项目实训:手机话费充值

查看参考代码

(1)实训目的

● 掌握 PyCharm 软件的使用方法;

● 了解程序的输入和输出命令。

(2)实训背景

国庆期间,移动公司推出充值优惠活动,凡是在这期间充值话费的一律返10元优惠券,要求输入手机号码和充值金额,输出显示"充值成功,10元优惠券已发放!"。

（3）做一做

学生根据本章的知识点和对后续章节的预习,独立完成本实训。

1.4 思政讲堂:学生守则

学生守则是学校制定的一系列规范和行为准则,旨在引导学生形成积极健康的学习和生活方式,促进学校的和谐发展。其核心思想体现在以下几个方面:

学习规范:学生守则要求学生要按时上课、认真听讲、完成作业、遵守考试纪律等。这旨在培养学生良好的学习习惯和自律能力,提高学习效果。

行为规范:学生守则规定了学生在校园内的行为准则,如尊敬师长、友善待人、遵守公共秩序等。通过遵守这些规范,学生可以建立良好的人际关系,培养社会责任感和公民意识。

安全与卫生:学生守则要求学生要注意校园安全和个人卫生,如遵守消防安全规定、合理使用电器、保持卫生等。这有助于学生提高安全意识,养成健康习惯,共同创造良好的学习和生活环境。

遵纪守法:学生守则要求学生要遵守法律法规和学校纪律,不参与违法犯罪活动,不参与欺凌和暴力行为等。通过遵纪守法,学生能够培养正确的价值观和行为准则,树立良好的社会形象。

精神文明:学生守则鼓励学生培养良好的精神品质,如崇尚科学、文明礼貌、热爱集体等。这有助于学生形成积极向上的心态,促进个人全面发展。

1.5 项目小结

本章介绍了 Python 的诞生、特点以及优缺点,通过编码和解释器的介绍让我们更深入了解 Python,重点介绍了 Python 软件的下载和安装过程,Python 集成开发环境和 PyCharm 软件的下载、安装及使用。

1.6 练习题

一、单选题:

1. Guido van Rossum 被称为 Python 之父,他是哪个国家的人? （   ）

  A. 美国   B. 英国   C. 荷兰   D. 法国

2. Python 的官网是 （　　）

    A. www.python.com   B. www.python.cn

    C. www.python.org   D. www.python.net

3. 在 Python 3.x 版本系列中, print()的功能是 （　　）

    A. 等待输入内容   B. 在屏幕上输出内容

    C. 报错   D. 输出 hello, world!

二、判断题

1. Python 3.x 版本系列完全兼容 Python 2.x 版本系列。 （　　）

2. Python 是一种跨平台、开源、收费的高级编程语言。 （　　）

3. 同一台电脑上可以同时安装 Python 3.7 和 Python 3.9 两个版本。 （　　）

4. 在 PyCharm 里编写的代码会自动保存。 （　　）

5. Python 3.x 版本系列默认使用的是 UTF-8 编码。 （　　）

三、简单题

1. 简述 Python 的优缺点。

2. 如何验证 Python 软件是否安装成功？ Python 文件的扩展名是什么？

项目 2　Python 编程基础

　　项目导入：在 Python 编程中，了解基础知识非常重要。这些知识包括：变量、基本数据类型、运算符、数据类型之间的转换和条件表达式等。此外，还需要了解 Python 的基本输入输出函数，如 input()和 print()。

　　掌握这些基础知识后，就可以开始编写简单的 Python 程序了。例如，使用变量来存储数据，使用运算符对数据进行运算，使用条件表达式来控制程序的流程等。这些知识是 Python 编程的基础，是后续学习更复杂的 Python 编程技术的必要条件。

　　因此，本项目将介绍 Python 编程基础，帮助初学者掌握 Python 语言的基本概念和语法。通过本项目的学习，读者将能够了解 Python 语言的基础知识，掌握基本的编程技巧，并能够编写简单的 Python 程序。

职业能力目标与要求：

⇨ 了解 Python 的编码规范	⇨ 掌握 Python 中常用的数据类型和变量
⇨ 掌握 Python 运算符，可熟练使用 Python 运算符进行数值运算	⇨ 了解 Python 运算符的优先级
⇨ 掌握 Python 的基本输入和输出方法	

课程思政目标与案例：

⇨ 突破自我、勇攀科技高峰的精神	⇨ "神威·太湖之光"超级计算机

2.1　知识准备

2.1.1　代码编写规范

1. 注释

　　为了提高程序的可读性，我们需要为代码添加注释。注释可以帮助用户理解代码的功能和作用，同时也便于他人阅读和维护。特别是在代码量庞大、逻辑复杂、难以阅读的情况下，注释显得尤为重要。在 Python 中，注释可以出现在代码的任何位置。

（1）单行注释

Python中的单行注释以"#"符号开头。语法格式如下：

```
#单行注释内容
```

从"#"开始，直到该行结束的所有内容都被视为注释。当Python解释器遇到"#"时，会忽略其后面的整行内容。单行注释可以单独作为一行，放在被注释代码行之上，也可以紧跟在语句或表达式之后。

```
#这是一行注释
>>>print("Hello, world! ")          #您好,世界!
Hello, world!
```

（2）多行注释

多行注释允许一次性注释程序中的多行内容（包括一行）。在Python中，可以使用3个连续的单引号'''或3个连续的双引号"""来注释多行内容。语法格式如下：

```
'''
使用3个单引号分别作为注释的开头和结尾
可以一次性注释多行内容
这里面的内容全部是注释内容
'''
```

或者

```
"""
使用3个双引号分别作为注释的开头和结尾
可以一次性注释多行内容
这里面的内容全部是注释内容
"""
```

多行注释通常用于为Python文件、模块、类或函数等添加版权信息或功能描述。需要注意的是，当注释符号作为字符串的一部分出现时，它们不再被视为注释标记，而应被看作正常代码的一部分。例如：

```
>>>print("""Hello world!""")
Hello world!
>>>print("""How are you?""")
How are you?
>>>print("#这是一行注释")
#这是一行注释
```

对于前两个 print 语句，Python 没有将这里的三个引号看作是多行注释，而是将它们看作字符串的开始和结束标志。对于第 3 个 print 语句，Python 也没有将"#"看作单行注释，而是将它看作字符串的一部分。

2. 代码块与缩进

代码块，也称为复合语句，由多行代码组成，这些代码共同完成一个相对复杂的功能。在 Python 中，缩进用于表示代码块。缩进是指在代码行前预留一定数量的空格。Python 中通常使用 Tab 键或空格键来进行缩进，二者在显示时都呈现为空白，但缩进必须保持一致，以避免缩进错误，降低代码的可读性，以及增加维护和调试的难度。

缩进在 Python 中具有重要意义，因为它定义了语句的层级结构。例如，当我们在编写条件语句、循环语句和函数时，缩进可以帮助我们识别代码块的开始和结束。请注意，不同层级的代码块应具有不同的缩进层次。

例 2-1　Python 语句的代码块和缩进。

```
1    price = 26
2    pay = 24
3    if pay < price:
4        rest_money = price - pay
5        print("微信余额不足以支付。")
6        print("不足部分的金额为:", rest_money, "元。")
7    else:
8        print("支付成功！")
9        print("欢迎下次光临！")
```

在上述示例中，第 4-6 行代码具有相同的缩进，表示它们属于一个代码块。第 8-9 行代码则表示另一个代码块。

关于代码缩进,请注意以下几点:

(1)Python代码缩进可以调整,但根据Python PEP8编码规范建议使用4个空格作为缩进;

(2)Tab键不一定等于4个空格,因此在文本编辑器中,需要将Tab键设置为转换成4个空格,确保不混用Tab键和空格;

(3)同一个代码块必须保持相同的缩进,以便于阅读和理解。

2.1.2 基本数据类型和变量

要熟练掌握一门编程语言,最好的方法是充分了解和掌握基础知识,并勤于编写代码,熟能生巧。本节将简要概述Python中的基本数据类型和变量。

1. 基本数据类型

在Python语言中,所有对象都有一个数据类型。Python的数据类型可以分为数字型和非数字型。数字型主要包括整型、浮点型、布尔型和复数型;非数字型主要包括字符串、列表、元组和字典等。本节主要概述Python的数字型数据类型,后续章节将展开阐述非数字型数据类型。

(1)整型(int)

整型用于表示整数数值,即没有小数部分的数值。在Python中,整数包括正整数、负整数和0。整型数值的位数可以为任意长度(受限于计算机内存)。需要注意的是,整型对象是不可变对象。

整型数据的表示方式有4种:

● 二进制形式:以"0B"或"0b"开头。

● 八进制形式:以"0O"或"0o"开头。

● 十进制形式:正常的数字。

● 十六进制形式:以"0X"或"0x"开头。

例2-2 使用type()函数测试数据类型。

```
1    a = 0O123
2    b = 0B1001
3    c = 0X2CA
4    print(type(a), type(b), type(c))
```

运行结果为:

<class'int'><class'int'><class'int'>

上述代码定义了3个分别为八进制、二进制和十六进制的变量,运行结果显示这3个变量都属于整型。

(2)浮点型(float)

浮点型是表示带有小数点的数值的数据类型。在Python语言中的浮点型类似于C语言中的double类型。需要注意的是,浮点对象是不可变对象。

浮点型数值可以用十进制或科学计数法表示。如表2-1所示。

表2-1　浮点型常量

示例	说明
12.34、-21.56、2.0、0.6	带小数点的数字字符串
1.、.4	小数点前后的0可以省略
3.14e2、3.14E2	科学计数法(e或E表示底数10),即$3.14×10^2$

需要注意的是,浮点数在计算机内部表示时可能存在精度问题。因此,在进行浮点数比较时要谨慎,通常建议通过比较两个数值之间的差值与一个较小的容差值来判断它们是否相等。

(3)布尔型(bool)

布尔型是计算机中最基本的数据类型,用于逻辑运算。bool数据类型有两个值:True(真)和False(假)。进行数值运算时,True可被当成1,而False可被当成0。

以下几种情况的布尔值都是False:None、False、整数0、浮点数0.0、虚数0j、空字符串""、空元组()、空列表[]、空集合set()、空字典{}。

(4)复数型(complex)

在Python语言中,复数与数学中的复数形式完全一致,都是由实部和虚部组成,并用j或J表示虚部。例如,一个复数的实部为3.14,虚部为12.5j,这个复数表示为3.14+12.5j。

Python中的复数型具有以下特点:

● 复数是由实数部分real和虚数部分imag构成,表示为real+imagj或complex(real, imag)。

● 虚数部分必须要有后缀j或J。

● 复数的实部real和虚部imag都是浮点型。

2. 变量

变量是在程序执行过程中其值可以变化的量,用于在程序中临时保存数据。变量需要用标识符命名,变量名区分大小写。Python定义变量的语法格式如下。

> 变量名 = 值

需要注意的是,上述定义是为变量赋值,"="是赋值运算符,即把"="后面的值赋值给"="前面的变量名。

Python语言允许同时为多个变量赋同一个值,例如:

> >>>x = y = z = 1

也可以同时为多个变量赋不同的值,例如:

```
1    >>>x,y,z = 1,2,3
2    >>>x
3    1
4    >>>y
5    2
6    >>>z
7    3
```

上述语句表示为变量x、y、z分别赋值1、2、3。

在Python中,不需要先声明变量名以及类型,直接赋值即可创建各种类型的变量,其数据类型和值在赋值的那一刻被初始化。但是变量的命名不是任意的,变量名必须是一个有效的标识符,且不能使用Python中的保留字。变量名必须以字母或下划线字符开头,不能以数字开头。

2.1.3 数据类型转换

在处理数据时,我们确实需要对数据类型进行转换。Python提供了一些内置函数来实现数据类型之间的转换,如表2-2所示,这些函数会返回一个新的对象,表示转换后的值。

表2-2　常用数据类型转换函数

函数	说明
int(x)	将x转换成整型
float(x)	将x转换成浮点型

续表

函数	说明
complex(x)	将 x 转换成复数型
str(x)	将 x 转换成字符串
tuple(s)	将序列 s 转换成元组
list(s)	将序列 s 转换成列表
set(s)	转换为可变集合
dict(d)	创建一个字典,d 必须是一个(key,value)元组序列

例 2-3 将整型数值转换为浮点型和字符串型数值。

```
1    num1 = 1
2    print(type(float(num1)))   #float()--将数据转换成浮点型
3    print(type(str(num1)))     #str()--将数据转换成字符串型
```

2.1.4　运算符及优先级

运算符是用于表示不同运算类型的符号。Python 支持各种运算符,如算术运算符、赋值运算符、比较运算符、逻辑运算符、位运算符和成员运算符等。使用运算符将不同类型的数据按照一定的规则连接起来的算式称为表达式。

1. 算术运算符

算术运算符在 Python 中常用于处理基本数学运算,包括+(加)、-(减)、×(乘)、/(除)、%(求余)、//(整除)、**(幂)。其中//(整除)运算返回商的整数部分,**(幂)运算返回 a 的 b 次幂。

例 2-4 算术运算符的简单应用。

```
1    x = 21
2    y = 4
3    result1 = x + y        #25
4    result2 = x * y        #84
5    result3 = x / y        #5.25
6    result4 = x // y       #5
7    result5 = x ** y       #194481
8    result6 = x % y        #1
9    print(result1, result2, result3, result4, result5, result6, sep = " ")
```

这些算术运算符可以用于处理整数和浮点数,也可以组合使用,形成更复杂的表达式。需要注意的是,在编写复杂表达式时,遵循数学中的运算优先级。如果需要改变优先级,可以使用括号()。

> 注意在不同的计算机上进行浮点运算的结果可能会不一样。不同类型的数值混合运算时,Python会把整数转换为浮点数。

2. 赋值运算符

赋值运算符主要用来为变量赋值,把右侧的值传递给左侧的变量。在使用时,可以直接将右侧的值赋给左侧的变量,也可以进行某些运算后再赋值给左侧的变量,如加法、减法、乘法、除法、函数调用等。Python中最基本的赋值运算符是"="。

复合赋值运算符是将赋值运算符与算术运算符组合,以便在赋值的同时执行运算。这种运算符可以让代码更简洁。表2-3列出了Python中的复合赋值运算符:

表2-3 复合赋值运算符

运算符	描述	实例
+=	加法赋值运算符	x += y等价于 x = x + y
-=	减法赋值运算符	x -= y等价于 x = x - y
*=	乘法赋值运算符	x *= y等价于 x = x * y
/=	除法赋值运算符	x /= y等价于 x = x / y
//=	整除赋值运算符	x //= y等价于 x = x // y
%=	取余赋值运算符	x %= y等价于 x = x % y
**=	幂赋值运算符	x **= y等价于 x = x ** y
&=	按位与赋值	x &= y等价于 x = x & y
|=	按位或赋值	x |= y等价于 x = x | y
^=	按位异或赋值	x ^= y等价于 x = x ^ y
<<=	左移赋值	x <<= y等价于 x = x << y,y指的是左移的位数
>>=	右移赋值	x >>= y等价于 x = x >> y,y指的是右移的位数

这些复合赋值运算符可以让你的代码更简洁,同时在某些情况下还可以提高代码的执行效率。

例2-5 复合赋值运算符的应用。

```
1    a = 20
2    b = 10
3    c = 0
```

```
4    c += a
5    print("1.c的值为: ", c)
6    c *= a
7    print("2.c的值为: ", c)
8    c /= a
9    print("3.c的值为: ", c)
10   c = 3
11   a = 2
12   c **= a
13   print("4.c的值为: ", c)
14   c //= a
15   print("5.c的值为: ", c)
```

3. 比较运算符

比较运算符用于比较两个数据项,通常用于数值和字符串的比较。比较运算符的结果是一个布尔值(True 或 False),这些运算符通常在条件语句或循环结构中使用。

Python 提供了六种比较运算符:小于(<)、小于等于(<=)、大于(>)、大于等于(>=)、等于(==)、不等于(!=)。这些比较运算符可以帮助你在编写代码时根据不同的条件执行不同的操作。例如,你可以在 if 语句中使用比较运算符来确定执行哪个代码块。

例 2-6 比较运算符的应用。

```
1    >>> x = 10
2    >>> y = 20
3    >>> x > y
4    False
5    >>> x < y
6    True
7    >>> x != y
8    True
```

注:以上代码在 Python 自带的 IDLE 编译器里执行。

4. 逻辑运算符

逻辑运算符是用于逻辑判断的运算符,常用于条件判断和控制流程语句中。Python

中的逻辑运算符有三种:逻辑与(and)、逻辑或(or)和逻辑非(not)。逻辑与运算符(and)在两个表达式都为True时返回True,否则返回False;逻辑或运算符(or)在两个表达式中至少一个为True时返回True,否则返回False;逻辑非运算符(not)用于对一个表达式进行非运算,返回True或False。Python逻辑运算符实例如表2-4所示,其中x=21,y=10,z=0。

表2-4　逻辑运算符

运算符	表达式	描述	示例
and	x and y	若x为False,x and y返回False,否则返回y的计算值	x and y值为10 x and z值为0
or	x or y	若x为True,x or y返回x的值,否则返回y的计算值	x or y值为21 x or z值为21
not	not x	若x为True,返回False;若x为False,返回True	not x值为False not z值为True

逻辑运算符的优先级低于算术运算符和比较运算符,高于赋值运算符。在使用逻辑运算符时需要注意其短路特性,即在某些情况下只需要计算表达式的一部分就能得到结果。

逻辑运算符的短路特性指的是,在使用逻辑与(and)或逻辑或(or)运算符时,如果其中一个表达式已经能够确定整个表达式的结果,则不会继续计算剩下的表达式。具体来说:

①对于逻辑与(and)运算符,如果第一个表达式为假(False),则整个表达式为假(False),不会继续计算后面的表达式,因为后面的表达式无论真假,都不会影响整个表达式的值。例如:

```
1    x = 0
2    y = 1
3    if x == 1 and y/x > 1
4        print("不会执行此行代码")
```

由于x == 1的结果为False,整个表达式的结果为False,将不会计算and右侧的表达式。

②对于逻辑或(or)运算符,如果第一个表达式为真(True),则整个表达式为真(True),不会继续计算后面的表达式,因为后面的表达式无论真假,都不会影响整个表达式的值。例如:

```
1    x = 1
2    y = 0
3    if x == 1 or y/x > 1:
4        print("会执行此行代码")
```

由于 x == 1 的结果为 True,整个表达式的结果为 True,将不会计算 or 右侧的表达式。

逻辑运算符的短路特性能够提高程序的效率,因为当一个表达式已经能够确定整个表达式的结果时,就不需要计算后面的表达式了,从而节省了时间和计算资源。

5. 位运算符

Python的位运算符主要用于对整数类型的数据进行操作,首先需要将要运算的整数类型的数据转换为二进制形式,然后按位进行相关计算。Python提供了6种位运算符,分别是按位与(&)、按位或(|)、按位异或(^)、按位取反(~)、右位移(>>)和左位移(<<)。具体如表2-5所示。

表2-5　位运算符

运算符	说明
&	x & y,参与运算的两个值,如果两个相应位都为1,则该位的结果为1,否则为0
|	x | y,参与运算的两个值,只要对应的二进制位有一个为1时,结果就为1
~	~x,对每个二进制位取反,把1变为0,把0变为1
^	x^y,参与运算的两个值,相异为1,否则为0
>>	x >> c,二进制位全部右移c位,移出的位丢弃,移进的位补0
<<	x << c,二进制位全部左移c位,高位丢弃,低位补0

这些位运算符的使用场景相对较少,主要用于底层硬件控制、加密算法等领域。在日常编程中用到的较少。

6. 成员运算符

成员运算符主要用于判断一个成员是否在容器类型对象中,包括以下两种运算符:

● 包含运算符"in":

如果在指定的序列中找到元素,就会返回 True;如果在指定的序列中找不到元素,就会返回 False。

● 非包含运算符"not in"

如果在指定的序列中找到元素,就会返回 False;如果在指定的序列中找不到元素,就会返回 True。

成员运算符常用于条件语句和循环语句中,用于判断一个元素是否存在于容器类型对象中,例如列表、元组、集合等。

例2-7 成员运算符的应用。

```
1    x = 30
2    y = 12
3    list = [2, 5, 7, 12, 20]
4    if x in list:
5        print("变量 x 在列表 list 中。")
6    else:
7        print("变量 x 不在列表 list 中。")
```

运行结果为:

```
变量 x 不在列表 list 中。
```

7. 运算符优先级

表达式是由变量、运算符、常量等组成的,可以通过计算得到一个值。在表达式中,运算符的优先级会影响计算的结果,因此需要了解 Python 中各个运算符的优先级规则。优先级是指在同一表达式中多个运算符被执行的次序。Python 运算符的规则是优先级高的先运算,优先级低的后运算,同一个优先级别的运算符则按从左到右的顺序进行。

如果想改变运算符的优先级,可以使用括号来改变运算次序,括号中的表达式优先计算,然后再与其他运算符结合计算。运算符的优先级如表 2-6 所示,表中优先次序 1 表示最高优先级。

表2-6 运算符由高到低的优先级

优先次序	运算符
1	**(幂)
2	~(按位取反)、+(正号)、-(负号)
3	*(乘)、/(除)、%(取余)、//(取整除)
4	+(加)、-(减)
5	>>(右移)、<<(左移)
6	&(位与)
7	^(位异或)
8	|(位或)

续表

优先次序	运算符
9	<(小于)、>(大于)、<=(小于等于)、>=(大于等于)
10	==(等于)、!=(不等于)
11	=、+=、-=、*=、/=、%=、//=、**=
12	in、not in
13	not(逻辑非)
14	and(逻辑与)、or(逻辑或)

例 2-8 运算符优先级的应用。

```
1   a = 10
2   b = 5
3   c = 20
4   d = 5
5   e = 0
6   e = (a + b) * c / d              #( 15 * 20 ) / 5
7   print(" (a + b) * c / d 的值为：", e)
8   e = a + (b * c) / d              #10 + ( 100 /5 )
9   print("a + (b * c) / d 的值为：", e)
10  e = a + b > a - b * (-1) and c < (d % 2)
11  print("a + b > a - b * (-1) and c < (d % 2) 的值为:", e)
```

运行结果为：

```
(a + b) * c / d 的值为:60.0
a + (b * c) / d 的值为:30.0
a + b > a - b * (-1) and c < (d % 2) 的值为:False
```

2.1.5　条件表达式

条件表达式通常用于流程控制语句中,用于判断是否满足某种条件。在流程控制语句中只有满足某些条件,才允许执行某些代码,否则会执行其他代码块。最简单的条件表达式可以是一个常量或变量,复杂的条件表达式包含关系比较运算符、逻辑运算符等。

条件表达式的求值结果为bool值True（真）或False（假）。判断一个表达式值的标准如表2-7所示。

表2-7　条件表达式布尔值

布尔值	表达式
False	False
	None
	所有类型的数字0
	空字符串""、空元组()、空列表[]、空集合set()、空字典{}
True	True
	非0数字
	非空字符串、非空元组()、非空列表[]、非空集合set()、非空字典{}

2.1.6　基本输入和输出

1. 输入

数据的输入有多种形式，其中标准的输入是通过键盘输入。Python提供了一个input()函数，用于接收用户从键盘输入的字符串，并以字符串的形式存储在变量中，一般语法格式如下。

```
variable = input(<提示字符串>)
```

其中，variable是存储数据的变量名。当程序运行到input()函数时，程序暂停运行，等待用户输入，直到用户按回车键结束，并以字符串形式保存在变量中，然后程序继续执行input()函数后的语句。需要注意的是，input()函数所返回的值都是字符串类型。当需要使用其他数据类型时，需要进行类型转换。示例如下：

```
1    age_str = input("请输入您的年龄：")    #用户输入：25
2    age_int = int(age_str)                #将字符串类型的age_str转换为整型
3    print("您的年龄是：", age_int)          #输出：您的年龄是：25
```

上述代码中，用户输入"25"按回车键后，"25"以字符串形式保存到变量age_str里。将字符串类型的age_str转换为整型并存储在age_int变量中，然后输出该变量的值，结果为25。

2. 输出

数据的输出也有多种形式,其中标准的输出是输出到显示器。在Python中,print()函数就是用于将要显示的内容输出到显示器显示。该函数基本语法如下。

```
print(*objects, sep=' ', end='\n', file=sys.stdout, flush=False)
```

各参数说明如下。

● objects:复数,表示可以一次输出多个对象。输出多个对象时,需要用","分隔。

● sep:用来间隔多个对象,默认值是一个空格。

● end:用来设定以什么结尾。默认值是换行符\n,我们可以换成其他字符串。

● file:要写入的文件对象。

● flush:是一个布尔参数,用于控制输出缓冲的刷新行为。输出缓冲是指将文本内容暂时存储在内存中,然后一次性写入输出设备(通常是终端或文件)的过程。如果flush参数设置为False(默认值),则输出将根据系统的规则进行缓冲,一般情况下会在输出结束后自动刷新缓冲,以提高性能。若flush参数设置为True,则会强制刷新输出缓冲,使文本立刻被写入输出设备。

例2-9 print()函数的应用。

```
1    print(123)                              #直接输出数字
2    print('xyz')                            #直接输出字符串
3    a = 4
4    print(a)                                #通过变量输出值
5    #分隔符换成-,默认情况下,使用空格来分隔的
6    print("伟大的祖国", "你好", "我爱你!",sep="-")
7    print("不忘初心", end=" ")              #第一个去掉的回车换行
8    print("牢记使命")
9    print("不忘初心", end=" ")
10   print("牢记使命", end="。")            #后面加句号
11   print("\n不忘初心", end=",")            #中间加逗号
12   print("牢记使命", end="。")
```

2.2 项目实施

任务2-1 明日何其多

扫码看微课

1. 任务描述

《明日歌》是明代诗人钱福创作的一首诗。"明日复明日,明日何其多。我生待明日,万事成蹉跎。世人苦被明日累,春去秋来老将至。朝看水东流,暮看日西坠。百年明日能几何?请君听我明日歌。"此诗以自己为例劝告世人要珍惜每一天,不要永远等待明日而浪费时间,蹉跎光阴。

"明日"是很多人懒惰的借口,更是放任自我的理由。作为学生更应该要珍惜时间,今日事今日毕,不要把计划和希望寄托在未知的明天。编写一个程序,输出这首诗,效果如图2-1所示。

明日歌

明日复明日,明日何其多。

我生待明日,万事成蹉跎。

世人苦被明日累,春去秋来老将至。

朝看水东流,暮看日西坠。

百年明日能几何?请君听我明日歌。

图2-1 输出效果

2. 任务分析

利用print()函数按行输出古诗,第一行标题"明日歌"前,可输出一定数量空格,使标题居中显示。

3. 任务实现

例2-10 明日何其多。

```
1    print(" "*7, "明日歌")
2    print("明日复明日,明日何其多。")
3    print("我生待明日,万事成蹉跎。")
4    print("世人苦被明日累,春去秋来老将至。")
5    print("朝看水东流,暮看日西坠。")
```

6　　print("百年明日能几何？请君听我明日歌。")

任务 2-2　劳动报酬计算

扫码看微课

1. 任务描述

五一劳动节期间，同学们参与校企合作活动，帮助企业制作宣传手册，为保障同学们的利益，企业将依法给予同学们一定的报酬。根据工作时长和每小时工资计算同学们的报酬。需要输入同学们的工作时长和每小时工资，然后计算出报酬并输出。

2. 任务分析

首先，需要让用户输入学生的工作时长和每小时工资，可以使用 input 函数实现。

输入的时长和工资需要进行类型转换，可以使用 int 或 float 函数将字符串类型转换为数值类型。

然后，需要计算学生的报酬，可以将输入的时长和工资进行乘法运算得出结果。

最后，将计算得到的报酬输出给用户，可以使用 print() 函数实现。

3. 任务实现

例 2-11　劳动报酬计算。

```
1    #输入学生的工作时长和每小时工资
2    work_hours = float(input("请输入学生的工作时长:"))
3    hourly_wage = float(input("请输入学生的每小时工资:"))
4
5    #计算学生的总工资
6    total_pay = work_hours * hourly_wage
7
8    #输出计算结果
9    print("学生的总工资为:", total_pay)
```

任务2-3 身体质量指数计算

扫码看微课

1. 任务描述

为保障员工的健康,单位每年会组织员工进行体检,而BMI(Body Mass Index)是一项常规的指标统计。BMI指数是身体质量指数,简称体质指数,是国际上常用的衡量人体胖瘦程度以及是否健康的一个标准。BMI指数计算公式如下:

> BMI=体重(千克)÷身高²(米)

编写一个根据体重和身高计算BMI值的程序。

2. 任务分析

要实现BMI指数的计算,首先需要使用两个input()函数分别接收身高以及体重数据。但是input()函数输入的数据是以字符串形式保存在变量中,在套用BMI指数计算公式前,需要将其转换为数字类型数据。

3. 任务实现

例2-12 身体质量指数计算。

```
1    name = input("您的姓名:")
2    height = input("您的身高 height(m): ")
3    weight = input("您的体重 weight(kg): ")
4    BMI = (float(weight)/(float(height)**2
5    print("您的BMI指数值为:", BMI)
```

运行结果为:

> 您的姓名:Lily
> 您的身高 height(m):1.63
> 您的体重 weight(kg):50
> 您的BMI指数值为:18.818924310286427

在例2-12代码中,第1到3行代码实现从外部获取身高和体重数据,第4行代码利用float()函数将获取的外部数据强制转换为float型数据,再参与数值计算。

任务 2-4   猜压岁钱游戏

扫码看微课

1. 任务描述

在春节期间,长辈通常会准备一些新的红包,里面装有一定数额的现金,然后在晚辈拜年时送给他们。压岁钱传递了祝福和关爱,长辈们希望晚辈们能够健康成长、快乐生活。小玥春节收到了爷爷奶奶的红包,请猜猜她收到多少钱?在这个游戏中,程序生成一个随机金额(500-1000),玩家通过输入数字来猜测这个随机金额是多少。如果玩家猜对了,游戏结束;否则程序会提示玩家数字是偏大还是偏小,并继续等待玩家输入。

2. 任务分析

根据任务描述,该游戏涉及的知识点包括:

输入输出:程序需要等待玩家输入数字,并将猜测结果输出到屏幕上。

数据类型:程序需要将玩家输入的字符串类型转换为数字类型进行比较。

运算符的优先级别:程序需要根据玩家猜测的数字与随机数字进行比较,需要使用到比较运算符。

随机数模块:程序要自动生成一个随机压岁钱,和用户猜测的数字进行比较。

循环语句:程序运行过程中,如果猜测错误要一直猜,猜测次数无法确定,直到猜测正确才结束程序。

3. 任务实现

例 2-13 猜压岁钱游戏

```
1    import  random           #导入 random 模块,用于生成随机数
2
3    #生成一个 500 到 1000 之间的随机压岁钱金额
4    answer = random.randint(500, 1000)
5
6    #初始化猜测次数为 0
7    guess_count = 0
8
9    #猜数字的循环
10   while True:
11       #等待玩家输入数字
```

```
12        guess = input("请猜一个500到1000之间的金额：")
13        #将字符串类型转换为数字类型
14        guess = int(guess)
15
16        #猜测次数加1
17        guess_count += 1
18
19        #判断猜测是否正确
20        if guess == answer:
21            print("恭喜你猜对了！你猜了%d次。" % guess_count)
22            break
23        elif guess > answer:
24            print("你猜的数字偏大了,请再试一次。")
25        else:
26            print("你猜的数字偏小了,请再试一次。")
```

在这个代码中,首先使用random.randint()函数生成了一个随机数字,并使用input()函数等待玩家输入金额。然后,我们将玩家输入的字符串类型转换为数字类型,并使用比较运算符判断玩家是否猜对了数字,并输出相应的提示信息。

2.3 项目实训:数字合并

查看参考代码

1. 项目描述

编写程序,将两个两位数的整数x和y合并成一个整数放到z里面,合并的方式为:将x数的十位和个位数依次放到z数的个位和百位上,将y数的十位和个位数依次放到z数的十位和千位上,并将z打印出来。

2. 项目分析

根据本章节的知识点,可先利用input()函数从外部获取两个两位数,并转换为数字类型。再利用算术运算符分别获取两个数的个位和十位上的数字,最终再将这些数字合并成一个四位数。

3. 做一做

学生根据本章的知识点和对后续章节的预习,独立完成本实训。

2.4 思政讲堂:"神威·太湖之光"超级计算机

"神威·太湖之光"超级计算机是由中国国家并行计算机工程技术研究中心(国家863计划)主导研制的一台超级计算机。它于2016年6月发布,是当时世界上最快的超级计算机,拥有125个PFlops的峰值性能,是前一代天河二号超级计算机的3倍。

"神威·太湖之光"的研制历程可以追溯到2002年,当时国家863计划(高科技发展计划)启动了"高性能并行计算机及其应用"项目。在该项目的支持下,中国科学院计算技术研究所开始了一项名为"神威"的超级计算机研究工作。

经过多年的努力,2010年,神威I号超级计算机开始投入使用,是当时中国最快的超级计算机之一。接着,神威II号超级计算机于2011年问世,性能大幅提升,成了世界第二快的超级计算机。

2015年6月,神威III号的原型机问世,12个月后,它被升级为"神威·太湖之光",创造了全球最高性能纪录。

"神威·太湖之光"的研制过程表达了中国在高性能计算领域追赶世界先进水平的决心和努力,同时也体现了计算机科学家们追求卓越、不断突破自我、勇攀科技高峰的精神。

2.5 项目小结

本章主要介绍了程序的编码规范,包括注释、缩进,这是Python程序最基础的内容。还介绍了Python中的数据类型、数据类型转换、运算符及优先级、条件表达式以及基本的input()输入函数和print()输出函数。通过本章的学习,希望读者能掌握Python中的基本数据类型的常用操作,并勤加练习,为后续的学习打好扎实的基础。

2.6 练习题

一、单选题:

1. 执行表达式 x=y=z=1 之后,变量 y 的值为(　　　)。

　　A. 表达式错误　　　　　B. Undefined　　　　　C. 1　　　　　　　　D. 0

2. 下列运算符中,表示除法的是(　　　)。

　　A. %　　　　　　　　　B. /　　　　　　　　　C. **　　　　　　　　D. //

3. 代码 a=("x"),在 Python3 解释器中查看 type(a) 得到的结果为(　　　)。

　　A. (class "str")　　　　　　　　　　　　B. (class "tuple")

　　C. <class "str">　　　　　　　　　　　D. <class "tuple">

4. 下列选项中,属于Python中支持的数据类型的是(　　)。

　A. string　　　　　　　B. char　　　　　　　C. float　　　　　　　D. dictionary

5. 下列选项中,变量声明正确的是(　　)。

　A. 5 = b　　　　　　　B. a == 5　　　　　　C. b = 5　　　　　　D. int a = 5

二、填空题

1. 若a=20,b=10,那么b%a的值为_____。

2. 若a=20,b=10,a%=b后a的值为_____。

3. 如果将布尔值进行数值运算,True会被解释为整型_____,False会被解释为整型_____。

4. 复数由_____部分和_____部分构成,表示为:real+imagj或real+imagJ。

5. 成员运算符用于判断指定序列中是否包含某个值,包含就返回_____。

三、判断题

1. Python使用符号#表示单行注释。　　　　　　　　　　　　　　　　　　(　　)

2. 要注释多行代码,只能使用三个单引号作为开头和结束符号。　　　　　　(　　)

3. Python在定义变量时,不需要声明变量类型。　　　　　　　　　　　　　(　　)

4. input()函数接收数据后,返回字符串类型数据。　　　　　　　　　　　　(　　)

5. 不同类型的数据之间不能转换。　　　　　　　　　　　　　　　　　　　(　　)

6. 运算符优先级中,or运算符优先级别最高。　　　　　　　　　　　　　　(　　)

7. 比较运算符用于比较两个数,其返回的结果只能是True或False。　　　　　(　　)

8. Python允许通过空格和Tab键混合使用控制代码逻辑关系。　　　　　　　(　　)

四、编程题

1. 编写程序,使用print()函数输出张力同学的个人信息。姓名:张力,年龄:19岁,班级:人工智能技术应用1班,身高:1.78米,体重:76千克。

2. 编写程序,通过让用户使用input()函数输入圆的半径,计算圆的周长和面积。

项目 3　程序流程控制语句

项目导入：Python 程序的语句默认是按照自上而下的顺序依次执行的。流程控制指的是在程序执行时，可通过一些特定的指令更改程序中语句的执行顺序，使程序产生跳转、回溯等现象。Python 语言中，流程控制语句包括 if 条件判断语句，while、for 循环语句等。在项目 2 已学习了 Python 的变量、数据类型等，再结合本章节将要学习的流程控制语句，读者便可编写复杂的 Python 程序。

职业能力目标与要求：

⇨ 掌握 if 语句的多种格式	⇨ 熟练使用 if 语句的嵌套
⇨ 掌握 while 循环和 for 循环的使用 ⇨ 熟悉循环嵌套	⇨ 掌握 break、continue、pass 语句在程序中的作用

课程思政目标与案例：

⇨ 形成不断创新、技术研发和不懈努力的精神	⇨ 中国软件产业的起飞与壮大

3.1　知识准备

3.1.1　if 语句

if 语句是条件判断语句，所谓条件判断，指的是只有满足某些条件，才允许做某件事情，否则是不允许做的。例如，用户登录系统时，需要判断用户输入的用户名和密码是否全部正确，进而决定用户是否能成功登录。类似这些功能，都可使用 if 语句实现。

Python 中的条件判断语句主要有 3 种形式：简单 if 语句、if...else 语句和 if...elif...else 语句。

1. 简单 if 语句

if 语句的语法格式如下。

```
if<条件表达式>:
    <代码块>
```

上述格式中,条件表达式可以是一个单纯的布尔值或变量,也可以是比较表达式或逻辑表达式。只有条件表达式的值为 True 时,才会执行后面的代码块;否则就跳过代码块,继续运行后面的语句。

> 注意在 if 后面的条件表达式不需要使用圆括号,而是用冒号":"表示条件表达式结束;多条执行语句不需要使用花括号包含。

if 语句的执行流程如图 3-1 所示。

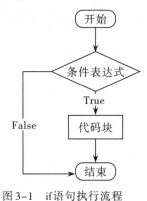

图 3-1　if 语句执行流程

例如,使用 if 语句判断未成年人禁止进入网吧,代码如下:

```
1    age = 15
2    if age < 18:      #如果大于或等于18岁可以进入网吧
3        print("未成年人禁止进入网吧。")
```

上述代码中,年龄为 15 岁时,条件表达式 age<18 的值为 True,则输出"未成年人禁止进入网吧。"

2. if...else 语句

if...else 语句增加了不符合条件表达式时应执行的语句,即语句产生了分支,可根据条件表达式的判断结果选择执行哪一个分支。if...else 语句的语法格式如下。

```
if<条件表达式>:
    <代码块 1>
```

else:

 <代码块2>

上述格式中,如果条件表达式结果为True,则执行代码块1,如果条件表达式结果为False,则执行代码块2。if...else语句执行流程如图3-2所示。

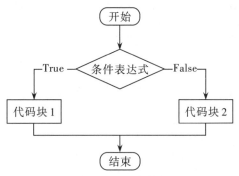

图3-2　if...else语句执行流程

例3-1 编写程序判断用户登录情况。

```
1    username = input("请输入用户名:")
2    password = input("请输入密码:")
3    if username == "guest" and password == "123456":
4        print("登录成功。")
5    else:
6        print("用户名或密码错误,请重新输入。")
```

上述代码中,变量username和password分别接收用户输入的用户名和密码,通过if后条件表达式的判断,如果用户名等于"guest"且密码等于"123456",则输出"登录成功。";否则输出"用户名或密码错误,请重新输入。"

Python中if...else语句也可以使用三目运算符形式表示,语法格式如下。

表达式1 if判断条件 else 表达式2

当判断条件为真时,执行表达式1,判断条件为假时,执行表达式2。例如,如果x<=0,则y=x,否则y=0,可以简化为:

y = x if x <= 0 else 0

3. if...elif...else 语句

if...elif...else语句是解决复杂问题的重要手段之一，和C、Java语言不同，Python中没有switch...case...多分支结构，可以使用if...elif...else语句来代替。语法格式如下。

```
if<条件表达式1>:
    <代码块1>
elif<条件表达式2>:
    <代码块2>
    ......
elif<条件表达式n-1>:
    <代码块n-1>
else:
    <代码块n>
```

上述语句中，首先判断条件表达式1的值。如果条件表达式1的值为True，执行代码块1，结束整个if语句；否则跳过代码块1继续判断条件表达式2的值，如果条件表达式2的值为True，执行代码块2。依此类推。如果else前面的所有条件表达式的值都为False，则执行代码块n。if...elif...else语句的执行流程如图3-3所示。

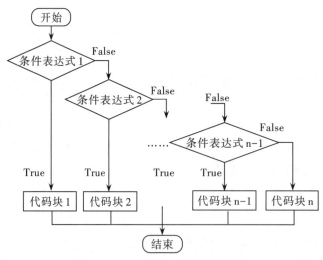

图3-3　if...elif...else语句执行流程

例3-2　编写程序，用户输入身高、体重，根据BMI计算公式判断个人的BMI值。

```
1    height = float(input("请输入身高(米):"))
```

```
2    weight = float(input("请输入体重(千克):"))
3    BMI = weight/(height**2)
4    if BMI < 18.5:
5        print("体形偏瘦。")
6    elif 18.5 <= BMI<24:
7        print("体形正常。")
8    elif 24 <= BMI<28:
9        print("体形偏胖。")
10   elif 28 <= BMI <= 32:
11       print("体形肥胖。")
12   else:
13       print("体形严重肥胖。")
```

上述代码根据计算出的BMI值依次进行判断,只要满足其中的某个条件,就会执行对应的语句,同时结束整个if语句。

4. if嵌套语句

if嵌套语句是指if语句中还可以包含一个或者多个if语句,语法格式如下。

```
if<条件表达式1>:
    <代码块1>
    if<条件表达式2>:
        <代码块2>
```

上述格式中,先判断条件表达式1,如果条件表达式1的值为True,执行代码块1,再判断条件表达式2,如果条件表达式2的值为True,则执行代码块2。使用if嵌套语句可将判断条件进行细化,从而实现更复杂的判断和操作。

> 注意if语句嵌套的层数不宜过多,最多不超过5层。在嵌套代码中,不同级别的代码块需要严格遵守缩进规范。

例3-3 编写程序,判断用户输入的一个整数是正数、负数或是0。

```
1    num = int(input("请输入一个整数num:"))
```

```
2    if num > 0:
3        print("num是正数。")
4    else:
5        if num == 0:
6            print("num等于0。")
7        else:
8            print("num是负数。")
```

当用户输入的整数为-4时,运行结果为"num是负数。"。当输入为7时,运行结果为"num是正数"。

3.1.2 while循环语句

while语句是Python的一种循环语句,它可以控制一个或多个语句在指定的条件下进行循环操作,直到条件不满足为止。while的语法如下。

```
while<条件表达式>:
    <代码块>
```

条件表达式可以是任何表达式,根据表达式的值(True或False),最后决定是否执行循环体。在循环开始时,Python会检查条件表达式的值,如果条件表达式的值为True,就会执行while循环内的代码块,直到条件表达式的值为False时,循环结束,执行while循环之后的语句。

例3-4 编写程序,使用while循环语句输出数字1到5。

```
1    i = 1
2    while i < 6:
3        print(i)
4        i += 1
```

上述代码中,首先定义一个变量并赋值为1,while语句的判断条件为i<6,当条件满足时执行输出语句,并操作变量i执行加1,直到i>=6,循环结束。

例 3-5　编写程序,使用 while 循环语句和 if...else 语句,求 100 以内是 3 的倍数的数字之和。

```
1   i = 1
2   result = 0
3   while i <= 100:
4       if i%3 == 0:
5           result += i
6           i += 1
7       else:
8           i += 1
9   print("100以内是3的倍数的数字之和:", result)
```

运行结果为:

```
100以内是3的倍数的数字之和:1683
```

3.1.3　for循环语句

for 循环语句用于遍历一个可迭代对象的所有元素。循环内的语句块会针对序列的每一个元素都执行一次,它适用于遍历任何序列,如列表、元组、字符串等。for 循环的语法如下。

```
for 临时变量 in 序列:
    执行语句1
    执行语句2
    ......
```

每次循环,临时变量都会被赋值为可迭代对象的当前元素,提供给执行语句使用,直到遍历完整个序列。

Python 提供了一个内置函数 range(),它可以返回一系列连续增加的整数,可以生成一个整数序列。range()函数最常见的用法是与 for 循环和 while 循环一起遍历序列。语法格式如下。

range([start,]end[, step])

参数说明如下。

● start:指的是计数起始值,默认是0。例如range(4)等价于range(0,4)。

● end:指的是计数结束值,但不包括end。例如range(0,3)是指序列0,1,2。

● step:是步长,默认为1,不可以为0。也可以是负数,当step为负数时,start的值大于end的值,range()函数产生一个从大到小的数字序列。例如range(4,1,−1)是指序列4,3,2。

例3−6 编写程序,使用for循环语句求数字1到100之和。

```
1    sum = 0
2    for i in range(1, 101):
3        sum += i
4    print("数字1到100之和为:", sum)
```

上述代码中,range(1,101)函数得到数字1到100的有序数列,循环变量i遍历序列中的每一个值时,循环语句sum+=i就执行一次,遍历完序列后退出循环,输出结果。

3.1.4 循环嵌套

Python支持循环嵌套,即在一个循环中嵌入另一个循环的情况。例如,for里面还有for,while里面还有while,甚至while中有for或者for中有while也都是允许的,只要满足嵌套条件即可。循环嵌套可以有多层,一般情况下,循环嵌套最多到三层,但实际上,只要满足嵌套条件,嵌套的形式和层次都不受限制。

1. while循环嵌套

while循环嵌套的语法格式如下。

```
while<条件表达式1>:
    <代码块1>
    while<条件表达式2>:
        <代码块2>
```

以上格式中,首先判断条件表达式1是否成立,如果成立则执行代码块1,并判断条件表达式2是否成立,如果成立则执行代码块2;执行内层while循环时,如果条件表达式

2成立则执行代码块2,直至内循环while结束。也就是说,每执行一次外层while循环,都要将内层的while循环重复执行到结束。

例3-7　编写程序,使用while循环嵌套语句打印星号直角三角形。

```
1   i = 1
2   while i <= 6:              #判断条件;外层控制行数
3       j = 1
4       while j <= i:          #判断条件,i有几个就打印几个j;内层控制列数
5           print("*", end = "")
6           j += 1
7       print(" ")
8       i += 1
```

运行结果为:

```
*
**
***
****
*****
******
```

2. for循环嵌套

for循环嵌套的语法格式如下。

```
for临时变量in序列:
    执行语句1
    for临时变量in序列:
        执行语句2
```

for循环嵌套语句与while循环嵌套语句相似,都是先执行外循环再执行内循环,每执行一次外循环都要将内循环重复执行到结束。

例3-8 编写程序,使用for循环嵌套语句打印星号直角三角形。

```
1    for i in range(1,7):
2        for j in range(i):
3            print("*", end = "")
4        print()
```

运行结果为:

```
*
**
***
****
*****
******
```

3.1.5 break 语句

Python中,break语句跳出离它最近一级的循环,break语句的使用语法很简单,只要在相应的while语句或for语句中加入break即可。通常情况下,break会和if语句搭配使用,表示在某种情况下跳出循环。

例3-9 一名学生在操场上跑步,原计划跑4圈,跑到第3圈的时候,停止跑步并离开操场,使用break语句编写程序。

```
1    for i in range(1,5):
2        if i == 3:
3            break
4        print("这名学生已经跑了第%d圈"%i)
```

运行结果为:

```
这名学生已经跑了第1圈
这名学生已经跑了第2圈
```

从运行结果可以看出,循环变量等于3时,break终止整个循环,不再执行输出操作。

3.1.6 continue语句

continue语句用来跳过当前循环的剩余语句,然后继续进行下一轮循环。

> 注意break语句和continue语句只能用在循环中,除此以外不能单独使用。

例3-10 一名学生在操场上跑步,原计划跑4圈,其中第3圈不跑,使用continue语句编写程序。

```
1    for i in range(1,5):
2        if i == 3:
3            continue
4        print("这名学生已经跑了第%d圈" % i)
```

运行结果为:

```
这名学生已经跑了第1圈
这名学生已经跑了第2圈
这名学生已经跑了第4圈
```

从运行结果可以看出,循环变量等于3时跳出当前循环,继续执行下一次的循环。

3.1.7 pass语句

Python中pass是空语句,不做任何事情,一般用作占位语句,是为了保持程序结构的完整性。例如:

```
for i in range(1, 5):
    pass
```

运行以上代码,无输出,pass语句只起到占位作用。

3.2　项目实施

任务 3-1　水仙花数

1.任务描述

水仙花数也被称为超完全数字不变数,它是指一个 3 位数,它的每个数位上的数字的 3 次幂之和等于它本身,即水仙花数的个位、十位、百位数字的立方和等于原数。

现要求编写一个程序,输出 1000 以内的水仙花数。

2. 任务分析

问题的关键是如何获取个位、十位、百位上的数。在项目 2 的时候我们学习过算术运算符,可以通过取模或整除,分别拿到个位、十位和百位。

循环遍历 100 到 999 之间的各个数值,每次的循环体内,获取百位数字、十位数字、个位数字,再判断每个数位上的数字的 3 次幂之和是否等于该数本身,如果是就是水仙花数。

3. 任务实现

例 3-11　水仙花数。

```
1    print("1000 以内的所有水仙花数如下 : ")
2    for number in range(100, 1000):
3        #取百位数字 371 // 100 = 3
4        x = number // 100
5        #取十位数字 371 // 10 =3 7; 37 % 10 = 7
6        y = number // 10 % 10
7        #取个位数字 371 % 10 = 1
8        z = number % 10
9        #判断个位、十位、百位数字的立方和等于原数
10       if x ** 3 + y ** 3 + z ** 3 == number:
11           print(number, "是水仙花数。")
```

扫码看微课

任务3-2　阶乘花数

1. 任务描述

一个数如果等于它的各个数位上的数字的阶乘之和,那么这个数就被称为"阶乘花数"。例如,145是一个"阶乘花数",因为1!+4!+5!=145。现在,请你编写一个Python程序,计算出所有100000以内的"阶乘花数",并输出它们的值。

2. 任务分析

循环遍历每个数,从1到一个合适的上限,如100000。

对每个数进行拆分,计算出各个数位上的数字。

对每个数字进行阶乘计算,累加到一个变量中。

判断累加和是否等于原数,如果是,则输出这个数。

3. 任务实现

例3-12　阶乘花数。

```
1    for num in range(1, 100000):
2        #拆分数字,计算阶乘和
3        total = 0
4        for digit in str(num):
5            fact = 1
6            for i in range(1, int(digit)+1):
7                fact *= i
8            total += fact
9        #判断是否为阶乘花数
10       if total == num:
11           print(num)
```

本题使用循环语句进行计算,首先需要遍历每个数,然后将其拆分成各个数位上的数字,计算阶乘和,并判断是否为阶乘花数。可以使用for循环和while循环两种方式实现。通过这道题,可以加深我们对循环语句的理解和应用,以及对数字拆分和阶乘计算的掌握。

任务3-3　猜拳游戏

扫码看微课

1. 任务描述

我们经常会从许多游戏中寻找生活中的乐趣,猜拳游戏便是其中一种。这个游戏共有剪刀、石头、布三个手势。两人同时用手做出相应形状而出,输赢判断规则为:剪刀赢布,布赢石头,石头赢剪刀。编写代码来完成人工机器猜拳游戏。

2. 任务分析

首先需要用户从控制台输入要出的拳,可约定为1表示石头,2表示剪刀,3表示布。电脑随机出拳,由于还未学习随机模块,先假定电脑只会出石头。根据胜负规则:石头胜剪刀、剪刀胜布、布胜石头,利用if判断语句编写代码。

3. 任务实现

例3-13 猜拳游戏。

```
1    user = int(input("请输入(石头：1，剪刀:2，布:3):"))   #1. 用户输入数字
2    computer = 1 #电脑固定一个数字,假定只会出石头
3    #用户赢电脑的判断:
4    if(user == 1 and computer == 2) or (user == 2 and computer == 3) or (user
     == 3 and computer == 1):
5        print("用户赢了。")
6    #平局:
7    elif user == computer:
8        print("心有灵犀，再来一次！")
9    #电脑赢
10   else:
11       print("电脑赢了。")
```

任务3-4　模拟乘客安检

扫码看微课

1. 任务描述

地铁和火车为人们的出行提供了极大的便利。但是为了保障人民群众的安全,进站

乘坐地铁或火车之前,需要先进行安检,如果安检通过才会判断是否有车票,或者是先检查是否有车票之后才会进行安检。即实际的情况某个判断是在另外一个判断成立的基础上进行的。此任务以先检票后安检的情况为例,要求编写程序,模拟乘客安检。

2. 任务分析

无论乘客乘坐火车还是地铁都需要进行安检,例如在乘坐火车时,首先判断乘客是否购买了车票,如果没有车票,不允许进站;如果有车票,对旅客所有行李进行安检。行李安检过程中,需要检查乘客是否携带危险品,如果携带含有酒精的危险品,提示旅客不允许上车,否则允许进站。

3. 任务实现

例3-14 模拟乘客安检。

```
1    ticket = 1           #用1代表有车票
2    alcohol = input("检测到是否携带含有酒精的危险品(yes/no): ")
3    if ticket == 1:
4        print("有车票,可以进站。")
5        if alcohol == "yes":
6            print("有危险品,不允许上车。")
7        else:
8            print("通过安检,允许上车。")
9    else:
10       print("没有车票,不能进站。")
```

任务3-5 模拟用户登录系统

扫码看微课

1. 任务描述

验证用户登录名和密码是进入一个系统的第一步,是指在使用用户登录系统时,系统需要从用户处获取注册时使用的用户名和密码,然后与存储在系统中的信息进行比对,以确认登录者的身份。只有当用户名和密码都正确时,系统才会允许用户登录系统和使用系统中的功能。如果用户输入的用户名或密码不正确,则提示"用户名或密码错误"和"您还有*次机会";若用户输入的用户名和密码都正确,提示"登录成功!";若输入的用户名或密码错误次数超过5次,提示"输入错误次数超过5次,程序退出。"。

要求编写程序,模拟用户登录系统时检测用户名和密码,并限制用户名或密码输错的次数至多5次。

2. 任务分析

根据案例要求,当输入5次错误的用户名或密码后,程序将结束运行。对于控制输入的次数可以通过while<5来实现,在while循环中使用input()函数接收用户输入的用户名和密码。现设定用户名是"admin",密码是"123456",使用if语句判断输入的用户名、密码与设定的用户名、密码是否一致,如果一致则使用print()函数输出"登录成功!",并使用break语句跳出while循环。

对于记录输入的次数,可以在while循环外设置一变量,用来记录输入用户名和密码的次数。当用户每输错一次变量值自增1,该变量不仅可以提示用户剩余输入次数,而且当输入错误次数达到5次时,提示"输入错误次数超过5次,程序退出。"。

3. 任务实现

例3-15 模拟用户登录系统。

```
1    count = 0
2    while count < 5:
3        name = input("请输入用户名:")
4        password = input("请输入密码:")
5        if name == "admin" and password == "123456":
6            print("登录成功! ")
7            break
8        else:
9            count += 1
10           print("用户名或密码错误,你还有",5-count, "次机会。")
11           if count == 5:
12               print("输入错误次数超过5次,程序退出。")
```

任务3-6　九九乘法表

扫码看微课

1. 任务描述

九九乘法表最初是以古希腊和罗马数学家们的形式或范式描述的,在中世纪的哲学家、神学家、数学家和"wisdom men"的智力市场上,九九乘法表变得更为普及。随着九九乘法表的发展,它也被用作教学甚至娱乐手段的一种形式,成为不同社会的一种文化传统。

乘法口诀是中国古代筹算中进行乘法、除法、开方等运算的基本计算规则,沿用已有两千多年,九九表也是小学算术的基本功。古时的乘法口诀,是自上而下,从"九九八十一"开始,至"一一如一"止,与使用的顺序相反,因此古人用乘法口诀开始的两个字"九九"作为此口诀的名称,又称九九表、九九歌、九因歌、九九乘法表。

要求编写程序,利用for循环嵌套实现如图3-4所示的九九乘法表功能。

```
1×1=1
1×2=2    2×2=4
1×3=3    2×3=6    3×3=9
1×4=4    2×4=8    3×4=12   4×4=16
1×5=5    2×5=10   3×5=15   4×5=20   5×5=25
1×6=6    2×6=12   3×6=18   4×6=24   5×6=30   6×6=36
1×7=7    2×7=14   3×7=21   4×7=28   5×7=35   6×7=42   7×7=49
1×8=8    2×8=16   3×8=24   4×8=32   5×8=40   6×8=48   7×8=56   8×8=64
1×9=9    2×9=18   3×9=27   4×9=36   5×9=45   6×9=54   7×9=63   8×9=72   9×9=81
```

图 3-4   九九乘法表

2. 任务分析

如图3-4所示,九九乘法表一共有九行,每行等式的变量和行号相等,例如第三行包含三个等式,第五行包含5个等式,以此类推,第九行包含9个等式。综合以上特点可知,可使用for循环嵌套解决此问题。

首先定义变量i控制乘法表的行数与变量j控制乘法表等式量的输出。

第一个for循环用来控制乘法表中每行的第一个因子和表的行数;第二个for循环中变量j取值范围的确定建立在第一个for循环的基础上,它的取值是第一个for循环中变量的值,即它的初始值是1,运行到第几行,j的最大值就是几。

为了控制格式,将乘法表分行,需要在每行的末尾输出一个换行。

3. 任务实现

例 3-16 九九乘法表。

```
1    for i in range(1, 10):
2        for j in range(1, i + 1):
3            print(str(j) + "×" + str(i) + "=" + str(i * j), end="\t")
4        print()   #换行输出
```

上述代码中,外层循环的变量i的值通过range()函数设置,取值范围为1~9。因为等式的数量与行号相等,所以在内层循环中变量j最大取值范围为等式数量。行数与等式量控制好后,便可以对乘法表中的乘法口诀进行拼接,拼接完成后进行换行输出。

任务3-7 逢7说"过"

扫码看微课

1. 任务描述

逢7说"过"游戏的规则是:从1开始顺序报数,出现7和7的倍数时说"过"。要求编写程序,模拟实现逢7说"过"游戏,输出100以内需要说"过"的数字以及总共需要说"过"多少次。

2. 任务分析

通过在for循环中使用range()函数遍历1到100,利用if条件判断语句判断一共有多少位数出现7或是7的倍数。对于数字是否出现7,可以用"in"运算符,把数字i变成字符串类型,然后用"7" in str(i)即可判断i的个位或十位上是否有7。

3. 任务实现

例3-17 逢7说"过"。

```
1   count = 0              #说"过"的次数
2   for i in range(1,101):  #i表示报的数
3       if "7" in str(i) or i % 7 == 0:
4           count += 1
5           print(i,end=" ")
6   print("\n从1数到100共说'过' ",count, "次。")
```

3.3 项目实训:模拟支付宝蚂蚁森林的能量产生

1.任务描述

蚂蚁森林是由支付宝推出的低碳公益行动,用户可通过相应的活动,如生活缴费、行走、共享单车、线下支付、网络购票等行为获得能量值。能量值可以用来在支付宝里养一棵虚拟的树,当这棵树长大后,公益组织会帮助用

查看参考代码

户种一棵真正的树,并以此鼓励用户减少碳排放,保护自然。

假设行走可获能量上限为296g/日;线下支付产生能量为5g/笔;生活缴费产生能量为262g/笔;网络购票产生能量为180g/笔;共享单车可获能量上限为159g。现要求编写程序,模拟支付宝蚂蚁森林的能量产生。

2.任务分析

首先获取用户从键盘输入的能量来源信息,再利用if条件分支语句进行判断,输出相应的能量值。

3.做一做

根据本章的知识点和对后续章节的预习,独立完成本实训。

3.4　思政讲堂:中国软件产业的起飞与壮大

20世纪70年代:国家开始涉足软件产业,并开始研发国产软件。比如,中国科学院计算机研究所开发的国产操作系统"国研系统",是中国最早的国产操作系统之一。

20世纪80年代:中国软件产业进入快速发展阶段,同时引进先进的软件开发技术。比如,中国第一家软件公司中国科学院计算机研究所研制的"国研软件",成为中国软件产业的重要标志。

20世纪90年代:中国软件产业进入快速发展阶段,以中小企业为主。

21世纪头10年:中国软件产业引入了大量的外资,出现了一些规模较大的跨国软件企业。

21世纪10年代:中国软件产业进入深入发展阶段,同时开始致力于自主创新和技术研发。

2020年后:中国软件行业不断壮大,以云计算、人工智能、物联网等领域为代表的新兴领域不断兴起。

3.5　项目小结

本章主要介绍了Python流程控制,包括if语句、if语句的嵌套、循环语句、循环嵌套以及跳转语句。其中if语句主要介绍了if语句的格式,循环语句中主要介绍了for循环和while循环,跳转语句主要介绍了break语句和continue语句。

希望通过本章的学习,读者能够熟练掌握Python流程控制的语法,并灵活运用流程控制语句进行程序开发。

3.6 练习题

一、单选题

1. 以下哪一个是条件语句？ ( )

    A. for x in range(10):　　　　B. if true:

    C. while x<10:　　　　　　　　D. if x==5:

2. 下列选项中,用来结束本次循环执行下一次循环的语句是 ( )

    A. break　　　　　　　　　　B. continue

    C. quit　　　　　　　　　　　D. stop

3. 以下哪一个可以实现Python程序的中断？ ( )

    A. continue　　　　　　　　B. break

    C. sys.exit()　　　　　　　　D. []

4. 以下哪个是Python中正确的for语句？ ( )

    A. for(i=1;i<=10;i++)　　　　B. for i in range(1, 10)

    C. for i=1 to 10　　　　　　　D. for(var i=1;i<=10;i++)

5. 下列哪个语句会执行0到9的循环执行？ ( )

    A. for i in range(0, 10)　　　　B. for i in range(0, 9)

    C. for i in range(9)　　　　　D. for i=0 to 9

6. 阅读下面的程序：

```
for i in range(5):
    i += 1
    if i == 3:
        break
print(i)
```

    上述程序中的循环会执行( )次。

    A. 1　　　　　　B. 3　　　　　　C. 2　　　　　　D. 4

二、填空题

1. 只有if判断条件为_____时,才会执行满足条件要执行的语句。

2. _____语句可使程序产生分支。

3. for循环常与_____函数搭配使用,以控制for循环中代码段的执行次数。

4. _____是一个条件循环语句,当条件满足时重复执行代码块,直到条件不满足为止。

5. while i>3,假设 i 初始为 1,循环体每执行 1 次 i 加 1,这个循环能执行_____次。

6. 假设有如下代码:

```
max = 5
for i in range(0, 10):
    i += 1
    if (i == max):
        break
print(i, end=" ")
```

这段代码的输出结果是_____。

7. 如果我们希望循环是无限的,我们可以通过设置条件表达式永远为_____来实现无限循环。

8. Python 常用的循环包括_____循环和_____循环。

三、编程题

1. 使用 while 循环计算 10!(10 的阶乘)。

2. 编程实现模拟袖珍计算器,要求输入两个操作数和一个操作符(+、-、*、/),根据操作符输出运算结果。特别注意"/"的零除异常问题。运行结果如图 3-5 所示。

请输入操作数x：5
请输入操作数y：2
请输入操作符：-
5.0 - 2.0 = 3.0

图 3-5　运行结果

3. 输入三个数,按从大到小的顺序排序。先 a 和 b 比较,使得 a>b;然后 a 和 c 比较,使得 a>c,此时 a 最大;最后 b 和 c 比较,使得 b>c。

4. 编写程序,输出 9 行内容,第 1 行输出 1,第 2 行输出 12,第 3 行输出 123……第 9 行输出 123456789。

5. 使用 for 循环输出以下图案。

```
*******
 ******
  *****
   ****
    ***
     **
      *
```

项目 4　字符串

项目导入：Python字符串是用单引号、双引号或三引号括起来的任意文本,是一种常用的有序序列类型。本项目旨在帮助你深入学习和掌握字符串处理的相关知识。通过实践项目,你将掌握字符串的创建、操作和应用。

职业能力目标与要求：

⇨ 掌握字符串的基本操作	⇨ 掌握字符串格式化用法
⇨ 掌握字符串的常用方法	

课程思政目标与案例：

⇨ 青年榜样的责任与担当	⇨ 青春力量,奋斗成就未来

4.1　知识准备

4.1.1　字符串的基本操作

字符串是由Python内置的str类定义的数据对象,它是由一系列Unicode字符组成的有序序列。字符串是一种不可变的对象,字符串中的字符是不能被改变的,每当修改字符串时都将生成一个新的字符串对象。

1.创建字符串

创建字符串的最简单方法是用引号将字符串文本括起来,这里所说的引号可以是单引号、双引号或三引号,实例如下。

```
1    s1 = 'Python单引号字符串'
2    print(s1)
3    s2 = 'Python双引号字符串'
4    print(s2)
```

```
5    s3 = '''Python三单引号字符串'''
6    print(s3)
7    s4 = """Python三双引号字符串"""
8    print(s4)
9    print(type(s1), type(s2), type(s3), type(s4))
```

程序运行结果如下:

```
Python单引号字符串
Python双引号字符串
Python三单引号字符串
Python三双引号字符串
<class 'str'> <class 'str'> <class 'str'> <class 'str'>
```

在Python中,字符串是内置的str类的对象实例,可以通过调用str类的构造方法,给定对象来创建一个新的字符串对象,其调用格式如下。

```
str(object)
str(bytes_or_buffer[, encoding[, errors]])
```

▲ 在第1种调用格式中,参数object可以是各种类型的对象,其默认值为空字符串。
▲ 在第2种调用格式中,参数bytes_or_buffer可以是字节对象或字符串;encoding是可选参数,用于指定解码方式,默认为sys.getdefaultencoding(),即获取系统当前编码,在 Windows平台上就是'utf8';errors也是可选参数,用于指定错误处理方式,默认值为'strict'。

以下实例中,分别从不同的数据对象创建一个新的字符串。

```
1    print(str("字符串"))          #从字符串创建字符串
2    print(str(123))              #从整数创建字符串
3    print(str(3.14))            #从浮点数创建字符串
4    print(str(True))            #从布尔值创建字符串
5    print(str(None))            #从None值创建字符串
6    bytes_str = b'\xd6\xd0\xb9\xfa'   #字节字符解码为gbk汉字
7    print(str(bytes_str, 'gbk'))
```

程序运行结果如下：

字符串

123

3.14

True

None

中国

2.字符串的索引

字符串是字符的有序集合，可以通过其位置来获得具体的元素。在Python中，字符串中的字符是通过索引来提取的，索引从0开始，其语法格式如下所示：

字符串[索引]

其中，字符串可以是字符串类型的常量、变量或表达式，索引可以是一个整数类型的常量、变量或表达式，用于对字符串中的字符进行编号。索引值可以是正数、负数和0。

字符串"PYTHON"中每个字符的索引设置如图4-1所示。

正向索引：	s[0]	s[1]	s[2]	s[3]	s[4]	s[5]
字符串s:	P	Y	T	H	O	N
反向索引：	s[-6]	s[-5]	s[-4]	s[-3]	s[-2]	s[-1]

图4-1　字符串s各个字符的索引位置

无论是使用正向索引还是反向索引，索引值都不能越界，否则将会出现以下错误信息"IndexError : string index out of range"，意即字符串索引超出范围。例如：

```
1    s = "PYTHON"
2    print(s[5])
3    print(s[6])
```

程序运行结果如下：

N

```
Traceback (most recent call last):
    File "D:\workspace\PythonT\项目 4.py", line 3, in <module>
        print(s[6])
IndexError: string index out of range
```

由于字符串属于不可变对象,因此使用索引只能读取字符串指定位置上的字符,而不能修改该位置上的字符。

例如,如果试图对字符 s 的 s[O] 位置重新赋值,则会出现以下错误信"TypeError: 'str' object does not support item assignment",意为字符串对象不支持赋值操作。

```
1    s = "PYTHON"
2    s[0] = 'p'
```

程序运行结果如下:

```
Traceback (most recent call last):
File "D:\workspace\PythonT\项目 4.py", line 2, in <module>
    s[0] = 'p'
TypeError: 'str' object does not support item assignment
```

由于字符串属于序列类型,因此可以使用 for 循环来遍历字符串。例如:

```
1    s = "PYTHON"
2    for i in s:
3        print(i)
```

程序运行结果如下:

```
P
Y
T
H
O
N
```

例4-1 接受键盘输入的字符串,然后判断该字符串是不是回文。回文是指正读反读都相同的字符串,例如字符串"abccba"就是回文。

```
1    s = ""   #定义一个空字符串
2    while not s:
3        s = input("请输入一个字符串:")
4    n = len(s)   #获取字符串长度
5    i = 0
6    while i <= (n / 2):
7        if s[i] == s[-i - 1]:    #若首尾字符相等
8            palindrome = True    #设置布尔型变量为True
9            i += 1
10       else:  # 否则
11           palindrome = False   #设置布尔型变量为False
12           break   #跳出while循环
13   print("您输入的{0}字符串{1}回文字符串。".format(s, "是" if palindrome else "不是"))
```

用一个布尔型变量(palindrome)表示是不是回文。用while循环将字符串的首尾字符依次对比,若每次对比都相等,则设置该变量为True,只要有一次不相等,则设置该变量为False。

程序运行结果如下:

请输入一个字符串:sdf
您输入的sdf字符串不是回文字符串。

再次运行:

请输入一个字符串:abccba
您输入的abccba字符串是回文字符串。

3.字符串的切片

使用索引可以读取字符串指定位置上的单个字符。如果要按位置从字符串中截取一部分子串,则可以通过切片(slice)操作来实现,语法格式如下:

> 字符串[开始位置(start):结束位置(end)[:步长(step)]]

★字符串:字符串类型的常量、变量或表达式,开始位置、结束位置和步长均为整数,使用半角冒号(:)进行分隔。

★开始位置:指定开始切片的索引值,默认值为0。

★结束位置:指定结束切片的索引值,但不包括这个位置在内,默认值为字符串的长度。

★步长:指定索引值每次增加的数值,默认值为1,当省略步长时,也可以顺便省略最后一个冒号。

实例如下所示。

```
1    s = "I love Python"
2    print(s[1:7:1])        #取出索引1-6的字符
3    print(s[:7:1])         #取出索引0-6的字符
4    print(s[::2])          #步长为2,隔一个取
5    print(s[:])            #取出所有字符
6    print(s[::-1])         #步长为-1,逆序取出所有字符
7    print(s[:100])         #结束位置越界,切片到字符串结束
8    print(s[100:])         #开始位置越界,返回空字符串
```

程序运行结果如下:

```
 love
I love
Ilv yhn
I love Python
nohtyP evol I
I love  Python
```

字符串是不可变对象,因此不要对字符串的切片进行赋值,否则会引发TypeError报错。

例4-2　接受键盘输入的字符串,然后通过切片操作实现该字符串的逆序输出。

```
1    s = input("请输入一个字符串:")
2    print(s[::-1])
```

程序运行结果如下：

请输入一个字符串：i love python
nohtyp evol i

4.字符串的连接

在 Python 中，字符串连接可以使用加法运算符"+"或乘法运算符"*"来实现。加法运算符可以将两个字符串连接成一个新的字符串，乘法运算符则可以将一个字符串重复连接若干次而形成一个新的字符串。当用于字符串连接时，运算符"+"和"*"均支持复合赋值操作。

将运算符"+"作为字符串连接运算符使用时，该运算符两侧都必须是字符串类型，不然会提示类型错误。要将字符串与数值连接起来，则应使用内置函数 str() 将数值转换为字符串数值。例如：

```
1    print(str(2023) + '年' + str(4) + '月' + str(10) + '日')
2    print(2023 + '年' + 4 + '月' + 10 + '日')
```

程序运行结果如下：

```
Traceback (most recent call last):
  File "D:\workspace\PythonT\项目4.py", line 1, in <module>
    print(2023 + '年' + 4 + '月' + 10 + '日')
TypeError: unsupported operand type(s) for +: 'int' and 'str'
2023 年 4 月 10 日
```

将运算符"*"作为字符串重复连接运算符使用时，可以将一个字符串自身重复连接若干次，由此构成一个新的字符串。例如：

```
1    print("python " * 10)
2    print("10 " * 10)
3    print("+ " * 10)'
```

程序运行结果如下:

python python python python python python python python python python

10 10 10 10 10 10 10 10 10 10

+ + + + + + + + +

例4-3 接受键盘输入字符串,然后使用这些单词组成一个句子。

```
1    setence, word = "", ""
2    print("请输入一些单词,这些单词会组成一个句子(quit=退出):")
3    print('*' * 20)
4    while True:
5        word = input("输入单词为:")
6        if word == "quit": break
7        setence += " " + word
8    print('*' * 20)
9    print("您输入的语句是:\n\t" + setence)
```

由于输入单词的数目不确定,因此可以考虑使用恒真条件的while语句来构成无限循环。当输入指定的内容时,将执行break语句以结束循环过程。使用字符串连接所输入的单词,即可连词成句。

程序运行结果如下:

请输入一些单词,这些单词会组成一个句子(quit=退出):
****
输入单词为:I
输入单词为:love
输入单词为:Python
输入单词为:quit
****
您输入的语句是:
    I love Python

5.字符串的关系运算

对于字符串进行的关系运算主要包括：使用各种关系运算符对两个字符串进行比较，使用成员运算符in来判断一个字符串是不是另一个字符串的子串。

比较两个字符时，是按照字符的Unicode码值的大小进行比较的。西文字符按其ASCII码值进行比较，按从小到大顺序排列，依次是空格字符、数字字符、大写字母以及小写字母。中文字符是按其Unicode码值进行比较的。例如：

```
1    print("a" > "b")
2    print("9" < "m")
3    print("啊" > "中")
4    print("A" < "a")
```

程序运行结果如下：

```
False
True
True
True
```

比较两个长度相同的字符串时，是将两个字符串的字符从左向右逐个进行比较，如果所有字符相等，则两个字符串相等；如果两个字符串中有不同的字符，则以最左边第一对不同的字符的比较结果为准。例如：

```
1.   print("shandong" > "shanxi")  #第5个字符d小于x
2.   print("李小明" > "李小刚")  #汉字明和刚的Unicode编码分别为26126和21018
```

程序运行结果如下：

```
False
True
```

比较两个长度不相同的字符串时，首先在较短的字符串尾部补上一些空格字符，使两个字符串具有相同的长度，然后再进行比较。例如：

```
1    print("python" < "pythons")    #在单词python尾部补上的空格小于字母 s
```

程序运行结果如下：

```
True
```

成员关系运算符 in 用于测试指定的值是否包含在目标序列中。例如：

```
1    print("py" in "python")
2    print("pys" in "python")
```

程序运行结果如下：

```
True
False
```

使用 in 运算符也可以决断一个字符串是否为另一个字符串的字串。如果字符串是另一个字符串的子串，则返回 True，否则返回 False。

例 4-4 接受键盘输入两个字符串，比较两个字符串大小并判断第一个字符串是不是第二个字符串的子串。

```
1    s1 = input("输入第一个字符串:")
2    s2 = input("输入第二个字符串:")
3    if s1 > s2:
4        print(s1 + " 大于 " + s2)
5    elif s1 < s2:
6        print(s1 + " 小于 " + s2)
7    else:
8        print(s1 + " 等于 " + s2)
9    if s1 in s2:
10       print(s1 + " 是 " + s2 + "的子串")
11   else:
12       print(s1 + " 不是 " + s2 + "的子串")
```

程序运行结果如下：

输入第一个字符串:python

输入第二个字符串:pythons

python 小于 pythons

python 是 pythons 的子串

4.1.2 字符串的格式化

Python中的字符串格式化是一种用于将变量值插入到字符串中的方法。它使得我们能够创建动态的、格式化良好的字符串,以便更好地呈现数据和信息。Python提供了多种字符串格式化方法,包括使用百分号(%)、使用.format()方法和使用f-strings。这些方法都可以用来将变量值插入字符串中,并根据需要格式化它们的输出。字符串格式化在Python中是非常常见和有用的,因此它是每个Python开发人员都应该了解的基本概念之一。

1."%"格式化字符串

百分号(%)格式化字符串是Python中最早、最常用的字符串格式化方法之一。它使用百分号(%)作为定界符,并使用特定的字符来指示应该插入哪种类型的变量。例如：

```
1    print('我喜欢 %s 色' % '红')
2    print('我是 %s , 今年 %d 岁' % ('小明', 12))
```

程序运行结果如下：

我喜欢红色

我是小明,今年14岁

示例中,%s指示应该插入一个字符串,%d指示应该插入一个整数。在字符串的末尾,我们使用一个元组来传递要插入的变量值。Python提供了很多字符串格式化符号,用以格式生成不同类型的数据,如表4-1所示。

表4-1 Python转换说明符

转换说明符	解释
%d、%i	转换为带符号的十进制整数
%o	转换为带符号的八进制整数

续表

转换说明符	解释
%x、%X	转换为带符号的十六进制整数
%e	转化为科学计数法表示的浮点数（e小写）
%E	转化为科学计数法表示的浮点数（E大写）
%f、%F	转化为十进制浮点数
%g	智能选择使用%f或%e格式
%G	智能选择使用%F或%E格式
%c	格式化字符及其ASCII码
%r	使用repr()函数将表达式转换为字符串
%s	使用str()函数将表达式转换为字符串

使用"%"虽然可以格式化，但并不推荐你用这种方法，因为这样写出来的代码可阅读性较差，更加友好的方式是使用字符串的format方法。

2. .format()格式化字符串

.format()是Python中另一种常用的字符串格式化方法，它使用一对花括号（{}）作为占位符，并使用.format()方法来插入变量值。例如：

```
1   name, age = "小名", 12
2   print("My name is {} and I am {} years old.".format(name, age))
3   print("My name is {name2} and I am {age2} years old.".format(name2="小刚",
    age2=13))
```

程序运行结果如下：

```
My name is 小名 and I am 12 years old.
My name is 小刚 and I am 13 years old.
```

.format()格式化字符串非常灵活，可以用于格式化各种类型的数据，包括字符串、整数、浮点数等。它还支持更复杂的格式化选项，例如指定字段的宽度、精度、对齐方式等。因此，在一些情况下，.format()可能比百分号格式化字符串更加方便和灵活。

例4-5 使用.format()格式化字符串指定字段的宽度、精度、对齐方式。

```
1    name, age = "Charlie", 12
```

```
2    # {:10}指示将字段的宽度设置为10个字符。
3    print("My name is {:10} and I am {} years old.".format(name, age))
4    pi = 3.141592653589793
5    # {:.2f}指示将浮点数精确到小数点后两位
6    print("The value of pi is {:.2f}.".format(pi))
7    name, age = "David", 18
8    # {:<10}指示将字段左对齐,并将宽度设置为10个字符
9    print("My name is {:<10} and I am {} years old.".format(name, age))
```

程序运行结果如下:

```
My name is Charlie    and I am 12 years old.
The value of pi is 3.14.
My name is David      and I am 18 years old.
```

3. f-string格式化字符串

f-string是Python 3.6引入的一种字符串格式化方法,它使用一对花括号({})作为占位符,并在字符串前面添加一个字母"f"。在f-string中,可以直接使用变量名,而无须使用.format()等方法来插入变量值。例如:

```
1    name, age = "Emily", 18
2    print(f"My name is {name} and I am {age} years old.")
```

程序运行结果如下:

```
My name is Emily and I am 18 years old.
```

在一些情况下,f-string可能比"%"格式化字符串和.format()格式化字符串更加方便和灵活。

4.1.3 字符串的常用方法

在Python中,字符串类型可以看成是名称为str的类,一个具体的字符串则可以看成

由str类定义的对象实例。字符串对象支持很多方法,这些方法需要通过对象名和方法名来调用,其语法格式为:对象名.方法名(参数)。

1.字母大小写转换

如果要对字符串进行字母的大小写转换,则可以通过调用字符串的以下方法来实现,此时将返回一个新的字符串,常用的字母大小写转换如表4-2所示。

表4-2　常用字符串的字母大小写转换方法

方法名	说明
str.upper()	将字符串全部转换为大写。
str.lower()	将字符串全部转换为小写。
str.swapcase()	将字符串的大小写互换。
str.capitalize()	整个字符串的首字母变成大写,其余字母变成小写。
str.title()	字符串每个单词的首字母大写,其余字母均为小写。

例4-6 字母大小写转换实例。

```
1    s = "An apple a day keeps the doctor away."
2    print("1.字符串初始内容:" + s)
3    print("2.全部转换为大写:" + s.upper())
4    print("3.全部转换为小写写:" + s.lower())
5    print("4.大小写互换:" + s.swapcase())
6    print("5.句子首字母大写:" + s.capitalize())
7    print("6.全部单词首字母大写:" + s.title())
```

程序运行结果如下:

```
1.字符串初始内容:An apple a day keeps the doctor away.
2.全部转换为大写:AN APPLE A DAY KEEPS THE DOCTOR AWAY.
3.全部转换为小写写:an apple a day keeps the doctor away.
4.大小写互换:aN APPLE A DAY KEEPS THE DOCTOR AWAY.
5.句子首字母大写:An apple a day keeps the doctor away.
6.全部单词首字母大写:An Apple A Day Keeps The Doctor Away.
```

2.字符串对齐方式

如果要设置字符串的输出宽度并设置填充字符和对齐方式,则可以通过调用字符对象的以下方法来实现,此时将返回一个新的字符串,常用的字符串对齐方法如表4-3所示。

表4-3　常用字符串的对齐方式方法

方法名	说明
str.ljust(width[,fillchar])	输出 width 个字符,左对齐,右边不足部分使用 fillchar(默认空格)填充。
str.rjust(width[,fillchar])	输出 width 个字符,右对齐,左边不足部分使用 fillchar(默认为空格)填充。
str.center(width[,fillchar])	输出 width 个字符,居中对齐,两边不足部分使用 fillchar(默认为空格)填充。
str.zfill(width)	将字符串长度变成 width,字符串右对齐,左边不足部分使用0填充。

例4-7 字符串对齐方式实例。

```
1    s = "I love Python"
2    print("1.字符串初始内容:" + s)
3    print("2.左对齐:" + s.ljust(20, "#"))
4    print("3.右对齐:" + s.rjust(20, "#"))
5    print("4.中间对齐:" + s.center(20, "#"))
6    print("5.用0填充,右对齐:" + s.zfill(20))
```

程序运行结果如下:

```
1.字符串初始内容:I love Python
2.左对齐:I love Python#######
3.右对齐:#######I love Python
4.中间对齐:###I love Python####
5.用0填充,右对齐:0000000I love Python
```

3.字符串搜索与替换

对字符串进行搜索操作可以通过调用字符串对象的以下方法来实现,如表4-4所示。

表4-4　常用字符串的搜索方法

方法名	说明
str.find(substr[,start[,end]])	检测字符 substr 是否包含在字符串 s 中,如果有,则返回开始的索引值,否则返回-1;如果用 start 和 end 指定范围,则在 s[start:end]中搜索。
str.index(substr[,start[,end]])	与 find()方法相同,只是当字符串 substr 不在字符串 s 中会引发一个异常。
str.rfind(substr[,start[,end]])	类似于 find()方法,不过是从右边开始查找。
str.rindex(substr[,start[,end]])	与 rfind()方法相同,只是当字符串 substr 不在字符串 s 中时会引发一个异常。

方法名	说明
str.count(substr[,start[,end]])	返回字符串 substr 在字符串 s 中出现的次数.如果用 start 和 end 指定范围,则返回字符串 substr 在字符串切片 s[start:end]中出现的次数。
str.startswith(prefix[,start[,end]])	检查字符串是否是以 prefix 开头,如果是则返回 True,否则返回 False。如果用 start 和 end 指定范围,则在该范围内检查。
str.endswith(prefix[,start[,end]])	检查字符串是否是以 suffix 结尾,如果是则返回 True,否则返回 False。如果用 start 和 end 指定范围,则在该范围内检查。

例 4-8 字符串搜索实例。

```
1    s = "This is a book"
2    print("1.字符串初始内容:" + s)
3    print("2.'is'首次出现的位置:" + str(s.find("is")))
4    print("3.'st'首次出现的位置:" + str(s.find("at")))
5    print("4.'is'最后出现的位置:" + str(s.rfind("is")))
6    print("5.'oo'首次出现的位置:" + str(s.index("oo")))
7    print("6.'s'最后出现的位置:" + str(s.rindex("s")))
8    print("7.'o'首次出现的位置:" + str(s.count("o")))
9    print("8.字符串是否以'Th'开头:" + str(s.startswith("Th")))
10   print("9.字符串是否以'at'结尾:" + str(s.endswith("at")))
```

程序运行结果如下:

```
1.字符串初始内容:This is a book
2.'is'首次出现的位置:2
3.'st'首次出现的位置:-1
4.'is'最后出现的位置:5
5.'oo'首次出现的位置:11
6.'s'最后出现的位置:6
7.'o'首次出现的位置:2
8.字符串是否以'Th'开头:True
9.字符串是否以'at'结尾:False
```

如果要对字符串进行替换操作,可以通过调用字符串对象方法来实现,如表 4-5 所示,此时将返回一个新的字符串。

表4-5　常用字符串的替换方法

方法名	说明
str.replace(s1,s2[,count])	将字符串str中的子串s1替换成s2。如果指定了count参数,则替换count次。
str.strip([chars])	在字符串str前后移除由chars指定的字符,默认为空格。
str.lstrip([chars])	在字符串str左边移除由chars指定的字符,默认为空格。
str.rstrip([chars])	在字符串str右边移除由chars指定的字符,默认为空格。
str.expandtabs([tabsize])	将字符串str中的tab符转为tabsiz个空格,默认为8个空格。

例4-9 字符串替换实例。

```
1    s = "Hello,Python"
2    print("1.字符串初始内容:" + s)
3    print("2.用'*'替换'o':" + s.replace("*", "o"))
4    s = "    Hello,Python    "
5    print("3.字符串初始内容:" + s)
6    print("4.去除前后空格:" + s.strip())
7    print("5.移除右空格:" + s.rstrip())
8    print("5.移除左空格:" + s.lstrip())
```

程序运行结果如下:

```
1.字符串初始内容:Hello,Python
2.用'*'替换'o':Hello,Python
3.字符串初始内容:    Hello,Python
4.去除前后空格:Hello,Python
5.移除右空格:    Hello,Python
5.移除左空格:Hello,Python
```

4.字符串拆分与组合

字符串的拆分和组合可以通过调用字符串对象的方法来实现,如表4-6所示。

表4-6　常用字符串的拆分与组合方法

方法名	说明
str.split(sep[,num])	以sep为分隔符将s拆分为列表,默认的分隔符为空格;num指定拆分的次数,默认值为-1,表示无限制拆分。

续表

方法名	说明
str.rsplit(sep[,num])	与split()类似,只是从右边开始拆分。
str.splitlines([keepends])	在字符串str左边移除由chars指定的字符,默认为空格。
str.partition(sub)	从sub出现的第一个位置开始,将字符串s拆分成一个元组:(sub左边字符串,sub,sub右边字符串);如果s中不包含sub,sub左边字符串即为s本身。
s.join(seq)	以s作为分隔符,将序列seq中的所有元素合并成一个新的字符串。

例4-10 字符串拆分与组合实例。

```
1    s = "语文,数学,英语,科学"
2    print("1.字符串初始内容:" + s)
3    print("2.拆分成列表:" + str(s.split(",")))
4    s = "demo.py"
5    print("3.拆分成元组:" + str(s.partition(".")))
6    s = s.split(",")
7    print("4.初始列表内容:" + str(s))
8    print("5.用空格连接列表成字符串:" + " ".join(s))
9    print("6.用逗号连接列表成字符串:" + ",".join(s))
```

程序运行结果如下:

```
1.字符串初始内容:语文,数学,英语,科学
2.拆分成列表:['语文', '数学', '英语', '科学']
3.拆分成元组:('demo', '.', 'py')
4.初始列表内容:['demo.py']
5.用空格连接列表成字符串:demo.py
6.用逗号连接列表成字符串:demo.py
```

5.字符串内容的检测

对字符串内容属于何种类型的检测可以通过调用如表4-7所示的方法来测试,所返回的检测结果是一个布尔值。

表4-7   常用字符串的内容的检测方法

方法名	说明
str.isalnum()	如果字符串str中至少包含一个字符且全是字母或数字,则返回True,否则返回False。
str.isalpha()	如果至少包含一个字符且全是字母则返回True,否则返回False。
str.isdecimal()	如果str只包含十进制数字则返回True,否则返回False。
str.isdigit()	如果str只包含数字则返回True,否则返回False。
str.islower()	如果str至少包含一个字符且全是小写字母则返回True,否则返回False。
str.isnumeric()	如果str中只包含数字字符则返回True,否则返False。
str.isspace()	如果str中只包含空格,则返回True,否则返回False。
str.istitle()	如果str的内容首字母大写,则返回True,否则返回False。
str.isupper()	如果str至少包含一个字符且全是大写字母,则返回True,否则返回False。

例4-11 字符串内容测试实例。

```
1    s = "12345ABCDE"
2    print("1.'{0}'全是字母或数字吗？ {1}".format(s, s.isalnum()))
3    print("2.'{0}'全是字母吗？ {1}".format(s, s.isalpha()))
4    s = "123456789"
5    print("3.'{0}'全是数字吗？ {1}".format(s, s.isdigit()))
6    s = "Python"
7    print("4.'{0}'全是小写字母吗？ {1}".format(s, s.islower()))
8    print("5.'{0}'全是大写字母吗？ {1}".format(s, s.isupper()))
9    print("6.'{0}'是首字母大写？ {1}".format(s, s.istitle()))
```

程序运行结果如下：

```
1.'12345ABCDE'全是字母或数字吗？ True

2.'12345ABCDE'全是字母吗？ False

3.'123456789'全是数字吗？ True

4.'Python'全是小写字母吗？ False

5.'Python'全是大写字母吗？ False

6.'Python'是首字母大写？ True
```

4.2 项目实施

任务4-1 智勇大闯关

1. 任务描述

你是一名年轻的程序员,正在参加一场名为"智勇大闯关"的比赛。比赛中,你需要完成一系列编程任务,包括字符串基本操作、字符串格式化和字符串常用方法。每完成一个任务,你就可以获得相应的积分和奖励。你需要尽快完成任务,赢得比赛的胜利。以下是所有关卡:

☞关卡1:将字符串"abcd"转成大写。

☞关卡2:计算字符串"cd"在字符串"abcd"中出现的位置。

☞关卡3:字符串"a,b,c,d",请用逗号分隔字符串,分隔后的结果是什么类型的?

☞关卡4:"{name}喜欢{fruit}".format(name="李雷")执行会出错,请修改代码让其正确执行。

☞关卡5:string = "Python is good",请将字符串里的Python替换成python,并输出替换后的结果。

☞关卡6:有一个字符串string = "python修炼第一期.html",请写程序从这个字符串里获得.html前面的部分,要用尽可能多的方式来做这个事情。

☞关卡7:如何获取字符串的长度?

☞关卡8:"this is a book",请将字符串里的book替换成apple。

☞关卡9:"this is a book",请用程序判断该字符串是否以this开头。

☞关卡10:"this is a book",请用程序判断该字符串是否以apple结尾。

☞关卡11:"This IS a book",请将字符串里的大写字符转成小写字符。

☞关卡12:"This IS a book",请将字符串里的小写字符转成大写字符。

☞关卡13:"this is a book\n",字符串的末尾有一个回车符,请将其删除。

完成以上13个关卡后,你就可以获得智勇大闯关比赛的胜利。

2. 任务分析

关卡中所涉及的知识有字符串的基本操作,如字符串的定义、字符串的拼接、字符串的切片等。字符串的常用方法,如字符串的大小写转换、字符串的查找、字符串的替换、字符串的分割等。字符串格式化输出,如使用.format()方法进行字符串格式化输出。熟练知识准备的知识点即可轻松闯关成功。

3. 任务实现

```
1    print("关卡1：", "abcd".upper())
2    print("关卡2：", "abcd".find('cd'))
3    print("关卡3：", "a,b,c,d".split(','))
4    print("关卡4：", "{name}喜欢{fruit}".format(name="李雷", fruit='苹果'))
5    print("关卡5：", "Python is good".replace('Python', 'python'))
6    string = "python修炼第一期.html"
7    print("关卡6：", string[0:string.find('.html')], string[0:-5])
8    print("关卡7：", "使用len函数")
9    print("关卡8：", "this is a book".replace('book', 'apple'))
10   print("关卡9：", "this is a book".startswith('this'))
11   print("关卡10：", "this is a book".endswith('apple'))
12   print("关卡11：", "This IS a book".lower())
13   print("关卡12：", "This IS a book".upper())
14   print("关卡13：", "this is a book\n".strip())
```

程序运行结果如下：

```
关卡1：ABCD
关卡2：2
关卡3：['a', 'b', 'c', 'd']
关卡4：李雷喜欢苹果
关卡5：python is good
关卡6：python修炼第一期 python修炼第一期
关卡7：使用len函数
关卡8：this is a apple
关卡9：True
关卡10：False
关卡11：this is a book
关卡12：THIS IS A BOOK
关卡13：this is a book
```

赶紧编码挑战下你能到第几关吧！

任务 4-2　逻辑推理

扫码看微课

1. 任务描述

不执行代码，直接说出下面代码的执行结果：

```
1    string = "Python is good"
2    string[1:20]
3    string[1:20:2]
4    string[-1]
5    print(string[:])
6    print(string[3:-4])
7    print(string[-10:-3])
8    print(string[::-1])
9    print(string[20])
```

2. 任务分析

字符串切片是指从一个字符串中截取出一部分子串的操作。在 Python 中，可以使用以下语法进行字符串切片：

```
string[start:end:step]
```

其中，start 表示起始位置的索引（包含在子串中），end 表示结束位置的索引（不包含在子串中），step 表示步长。如果省略 start 参数，则默认从字符串的开头开始；如果省略 end 参数，则默认截取到字符串的末尾；如果省略 step 参数，则默认步长为 1。

3. 任务实现

```
1    string = "Python is good"
2    print(string[1:20])
3    print(string[1:20:2])
```

```
4     print(string[-1])
5     print(string[:])
6     print(string[3:-4])
7     print(string[-10:-3])
8     print(string[::-1])    #倒序
9     print(string[20])
```

程序运行结果如下：

```
ython is good
yhni od
d
Python is good
hon is
on is g
doog si nohtyP
Traceback (most recent call last):
    File "D:\workspace\PythonT\项目4.py", line 9, in <module>
        print(string[20])
IndexError: string index out of range
```

4.3   项目实训：大家来找茬

1. 项目描述

在遇到一个文本需要统计文本内词汇的次数时，可以用一个简单的Python程序来实现。例如《Python之禅》部分文本如下所示：

```
Beautiful is better than ugly.
Explicit is better than implicit.
Simple is better than complex.
Complex is better than complicated.
Flat is better than nested.
```

查看参考代码

Sparse is better than dense.

Readability counts.

编写程序,找出文中出现了多少次的"complex",不区分大小写。

2. 项目分析

根据本章节的知识点,定义文本的字符串,然后利用字符串的切割函数得到每一个单词,接着,遍历单词全部转化为大写或者小写,最后统计"complex"出现的次数。

3. 做一做

根据本章的知识点和对后续章节的预习,独立完成本实训。

4.4　思政讲堂:青春力量,奋斗成就未来

青年榜样的力量在社会中是无穷的。他们在不同领域展现出的责任与担当,成为青年一代的典范。比如,在志愿服务方面,我们看到了许多青年热衷于参与社区教育项目、关爱老人、环境保护等活动。他们用自己的时间和精力,为社会弱势群体提供帮助和支持,传递着爱心和温暖。这些青年志愿者通过实际行动,以身作则,激励和感染着更多的人加入志愿服务的行列中。

文化传承是另一个重要的领域,青年们通过创新的方式将传统文化与现代社会相结合,为传统文化的传承注入了新的活力。例如,南通大学艺术学院的翟天麟运用撕纸艺术创作了百米长卷,展示了中国共产党百年奋斗历程。他不仅传承了非遗技艺,还通过艺术形式将党史故事传达给更多的人,传播红色文化。这样的青年榜样以自己独特的方式,让传统文化焕发新的生机,成为文化传承的引领者。

4.5　项目小结

字符串是Python中的基本数据类型,是用单引号、双引号或三引号括起来的任意字符序列。字符串是由一系列Unicode字符组成的不可变的有序序列。对字符串可以进行各种基本操作,主要包括:通过索引获取指定位置上的字符,通过切片获取指定范围内的子串,通过连接将多个字符串组合成新的字符串,通过比较判断两个字符串的大小关系,通过for循环遍历字符串中的每个字符。

字符串类型可以看成是名称为str的类,具体的字符串则可以看成由str类定义的对象。字符串对象拥有各种各样的方法,通过调用这些方法能够实现字母大小写转换、设置对齐方式、搜索和替换、拆分和组合以及字符串内容测试等。

4.6 练习题

一、选择题

1. 下面哪个方法可以用来在Python字符串中查找一个子字符串？ （　　）

    A. substring()   B. find()

    C. index()   D. locate()

2. 下面哪个Python表达式会将字符串 "Hello, World!" 转换为 "HELLO, WORLD!"？

                                                       （　　）

    A. "Hello, World!".uppercase()   B. "Hello, World!".to_uppercase()

    C. "Hello, World!".upper()   D. "Hello, World!".to_upper()

3. 下面哪个Python表达式可以用来连接两个字符串？ （　　）

    A. str1 + str2   B. str1.concat(str2)

    C. str1.append(str2)   D. str1.join(str2)

4. 关于字符串，以下说法中错误的是 （　　）

    A. 字符串是由一系列Unicode字符组成的有序序列。

    B. 通过索引可以读取指定位置的单个字符并对其进行修改。

    C. 通过切片可以从给定的字符串中获取某个子串。

    D. 使用"+"运算符可以将两个字符串连接成一个新的字符串。

5. 按位置从字符串提取子串的操作是 （　　）

    A. 连接   B. 赋值

    C. 切片   D. 索引

6. 欲使英文句子中每个单词的首字母大写，其余字母均为小写，可以调用 （　　）

    A. s.title()   B. s.capitalize()

    C. s.lower()   D. s.upper()

二、编程题

1. 用键盘输入一个字符串，然后以相反的顺序输出该字符串。

2. 用键盘输入一些字符串，然后将这些字符串起来。

3. 用键盘输入两个字符串，比较它们的大小并判断第一个字符串是不是第二个字符串的子串。

4. 用键盘输入一行中英文字符串，然后将其中包含的英文字符全部替换为"*"。

项目5　典型数据结构

项目导入:Python提供了4种内置的数据结构,即列表、元组、字典和集合。列表和元组均属于有序的序列类型,其元素是按位置编号顺序存储的;字典和集合则是无序的数据集合,其元素之间没有任何确定的顺序关系。通过本项目将学习列表、元组、字典和集合的使用方法。

职业能力目标与要求:

⇨掌握列表的使用方法	⇨掌握元组的使用方法
⇨掌握字典的使用方法	⇨掌握集合的使用方法

课程思政目标与案例:

⇨使学生养成一丝不苟的求学精神	⇨钱学森96分的水力学考卷

5.1 知识准备

5.1.1 使用列表

列表(list)是一种最常用的数据结构。与字符串对象一样,列表也属于有序序列类型。一个列表可以包含任意数目的数据项,每个数据项称为一个元素。列表中的元素不需要具有相同的数据类型,可以是整数和字符串,也可以是列表和集合等。列表属于可变序列,可以通过索引和切片对列表中的元素进行修改。

1.创建列表

创建列表的最简单方法是将各个元素放在一对方括号内并以逗号加以分隔,由此创建列表对象。如果要引用该列表对象,则需要使用赋值语句将列表赋值给变量。示例如下:

```
1    list1 = []           #空列表
```

```
2    list2 = [1, 2, 3]                    #列表元素为整数
3    list3 = ['C', 'Java', 'Pyton', 'Go']    #列表元素为字符串
```

列表是通过 Python 内置的 list 类定义的。因此,也可以使用 list 类的构造函数来创建列表。如果未给出参数,则创建一个新的空列表。如果指定了参数,则必须是可迭代的,可以是字符串、列表、元组或其他可迭代对象类型。示例如下:

```
1    list4 = list()  #未提供参数,创建空列表
2    list5 = list([1, 2, 3])    #参数为列表,其元素为整数
3    list6 = list(['C', 'Java', 'Pyton', 'Go'])    #参数为列表,其元素为字符串
4    list7 = list((1, 2, 3))    #参数为元组,从元组创建列表
5    list8 = list(range(1, 101))    #以 range 对象作为参数,从该对象创建列表
6    list9 = list('Python')    #参数为字符串,从字符串创建列表
```

列表中的元素可以是不同的数据类型。示例如下:

```
1    list10 = [100, 0.618, 'Python', b"xe5x95x8a"]    #列表元素为整数、浮点数和字
     节对象
2    list11 = [3, 6, [8, 9, 10, 11], range(1, 100, 2)]  #列表元素为整数、列表和
     对象
```

也可以通过乘法运算来创建指定长度的列表并对其元素进行初始化。示例如下:

```
1    list12 = [0] * 50             #列表由 50 个整数 0 组成
2    list13 = ['Hello'] * 100    #列表由 100 个字符串'Hello'组成
```

例 5-1 创建列表并输出

```
1    x = [11, 22, 33, 'Hello', 'Python语言程序设计']
2    print('1.列表 x 的长度:%d' % len(x))
3    print('2.列表 x 的类型:%s' % type(x))
4    print('3.列表 x 中的元素:{}'.format(x))
5    y = list(range(10, 101, 10))
```

```
6    print('4.列表 y 的长度:%d' % len(y))

7    print('5.列表 y 中的元素:{}'.format(y))

8    z = ['ABC'] * 6

9    print('6.列表 z 的长度:%d' % len(z))

10   print('7.列表 z 中的元素:{}'.format(z))
```

程序运行结果如下:

```
1.列表x的长度:5

2.列表x的类型:<class 'list'>

3.列表x中的元素:[11, 22, 33, 'Hello', 'Python语言程序设计']

4.列表y的长度:10

5.列表y中的元素:[10, 20, 30, 40, 50, 60, 70, 80, 90, 100]

6.列表z的长度:6

7.列表z中的元素:['ABC', 'ABC', 'ABC', 'ABC', 'ABC', 'ABC']
```

2.列表的基本操作

列表属于序列类型,具有序列类型的共性。创建一个列表对象后,可以对该列表对象进行两类操作:一类是适用于所有序列类型的通用操作;另一类是仅适用于列表的专有操作。

创建一个列表对象后,可以对该列表对象进行以下通用操作。

例 5-2　列表的通用操作。

```
1    x = list(range(1, 11, 1))

2    print('1.列表内容:x = {0}'.format(x))

3    #正向索引

4    print('2.正向索引: x[0] = {0}, x[1] = {1}, x[2] = {2}, x[3] = {3}'.format(x[0],
     x[1], x[2], x[3]))

5    #负向索引

6    print('3.负向索引: x[-1] = {0}, x[-2] = {1}, x[-3] = {2}, x[-4] = {3}'.format
     (x[-1], x[-2], x[-3], x[-4]))

7    #列表切片

8    print('4.列表切片: x[2:9:1] = {0}'.format(x[0:9:2]))
```

```
9    #列表加法
10   x, y = [1, 2, 3], [4, 5, 6, 7, 8]
11   print('5.列表x内容:{0}'.format(x))
12   print('6.列表y内容:{0}'.format(y))
13   print('7.加法:x+y = {0}'.format(x + y))
14   #列表乘法
15   print('8.乘法:x*3 = {0}'.format(x * 3))
16   #列表比较
17   print('9.比较:x>y?{0}'.format(x > y))
18   #检查成员资格
19   print('10.数字2在列表x中吗? {0}'.format(2 in x))
20   print('11.数字12在列表y中吗? {0}'.format(12 in y))
21   #遍历列表
22   print('12.遍历列表x:', end = "")
23   for i in x:
24       print(i, end = ' ')
25   #拆分赋值
26   a, *b, c = y
27   print('13.拆分赋值: a = {0}, b = {1}, c = {2}'.format(a, b, c))
```

程序运行结果如下:

```
1.列表内容: x = [1, 2, 3, 4, 5, 6, 7, 8, 9, 10]
2.正向索引: x[0] = 1, x[1] = 2, x[2] = 3, x[3] = 4
3.负向索引: x[-1] = 10, x[-2] = 9, x[-3] = 8, x[-4] = 7
4.列表切片: x[2:9:1] = [1, 3, 5, 7, 9]
5.列表x内容:[1, 2, 3]
6.列表y内容:[4, 5, 6, 7, 8]
7.加法:x + y = [1, 2, 3, 4, 5, 6, 7, 8]
8.乘法:x * 3 = [1, 2, 3, 1, 2, 3, 1, 2, 3]
9.比较:x>y?False
10.数字2在列表x中吗? True
```

11. 数字 12 在列表 y 中吗？False

12. 遍历列表 x:1 2 3

13. 拆分赋值：a = 4, b = [5, 6, 7], c = 8

列表对象是可变的有序序列。除了序列的通用操作,还可以对列表进行一些专有操作,如元素赋值、切片赋值以及元素删除等。如下实例所示。

例 5-3 列表的专有操作。

```
1    import random    #导入 random 模块
2    x = list(range(1, 11, 1))
3    print('1.列表原来内容:x={0}'.format(x))
4    #列表元素赋值
5    x[2], x[5], x[8] = 200, 500, 800
6    print('2.执行元素赋值后: x = {0}'.format(x))
7    #列表切片赋值
8    x[3:6] = ['AAA', 'BBB', 'CCC']
9    print('3.执行切片赋值后:x = {0}'.format(x))
10   #删除列表元素
11   del x[4]
12   print('4.删除列表元素后: x = {0}'.format(x))
13   #列表解析,random.random()返回随机生成的[0,1)范围内的一个实数
14   y = [int(100 * random.random()) for i in range(1, 11)]
15   print('5.执行列表解析后:y={0}'.format(y))
```

运行程序结果如下:

1. 列表原来内容:x = [1, 2, 3, 4, 5, 6, 7, 8, 9, 10]

2. 执行元素赋值后: x = [1, 2, 200, 4, 5, 500, 7, 8, 800, 10]

3. 执行切片赋值后:x = [1, 2, 200, 'AAA', 'BBB', 'CCC', 7, 8, 800, 10]

4. 删除列表元素后: x = [1, 2, 200, 'AAA', 'CCC', 7, 8, 800, 10]

5. 执行列表解析后: y = [84, 72, 89, 72, 77, 51, 47, 55, 90, 66]

3.列表的常用函数

创建列表后,除了对该列表进行索引、切片、遍历、赋值以及删除等操作外,还可以通过调用Python提供的函数对列表进行相关处理。这些函数可以分成两类:一类是适用于序列的内置函数,如表5-1所示;另一类是只适用于列表的成员方法,如表5-2所示。

表5-1　Python内置函数

函数	说明
len(list)	列表元素的个数
max(list)	返回列表的最大值
min(list)	返回列表的最小值
sum(list)	对列表元素进行求和
list(seq)	将序列转化为列表
sorted(list)	对列表进行排序操作

表5-2　列表专有方法

方法	说明
list.append(obj)	追加对象到列表
list.extend(list)	追加一个可迭代对象到列表
list.insert(index,obj)	在指定位置增加一个元素
list.remove(obj)	移除第一个匹配的指定对象
list.pop(obj=list[-1])	移除列表中的一个元素(默认最后一个元素),并且返回该元素的值
list.count(obj)	统计某个元素在列表中出现的个数
list.index(obj)	计算列表中某个对象第一次出现的位置
list.sort()	list的sort方法返回的是对已经存在的列表进行操作,而内置函数sorted方法返回的是一个新的 list
list.reverse()	对列表进行逆序排序

例5-4 用键盘输入一些正整数组成一个列表,然后求出列表的长度、最大元素、最小元素以及所有元素之和并将列表元素按升序排序。

```
1    i = 0
2    list1 = []
3    print('请输入一些正整数(Q=退出)')
4    while 1:
5        x = input('输入:')
6        if x.isdecimal():
```

```
7           list1  += [int(x)]
8           i += 1
9       else:
10          if x.upper() == 'Q': break
11          print('输入无效!')
12          continue
13  print('-' * 56)
14  print('1.列表内容:{0}'.format(list1))
15  print('2.列表长度:{0}'.format(len(list1)))
16  print('3.最大元素:{0}'.format(max(list1)))
17  print('4.最小元素:{0}'.format(min(list1)))
18  print('5.元素求和:{0}'.format(sum(list1)))
19  print('6.列表排序:{0}'.format(sorted(list1)))
```

程序运行结果如下:

```
请输入一些正整数(Q=退出)
输入:1
输入:20
输入:30
输入:40
输入:-3
输入无效!
输入:30
输入:Q
--------------------------------------------------------
1.列表内容:[1, 20, 30, 40, 30]
2.列表长度:5
3.最大元素:40
4.最小元素:1
5.元素求和:121
6.列表排序:[1, 20, 30, 30, 40]
```

例5-5 用键盘输入一个正整数,然后以该整数作为长度生成一个列表,再用随机数对列表元素进行初始化,最后利用列表对象的成员方法对该列表进行各种操作。

```
1    import random
2    n = int(input('请输入一个正整数:'))
3    #随机生成列表
4    x = [int(100 * random.random()) for i in range(1, n)]
5    print('1.生成的列表内容:{0}'.format(x))
6    #在列表末尾添加一个元素
7    x.append(100)
8    print('2.在列表末尾添加元素: {0}'.format(x))
9    #在列表末尾添加一个列表
10   x.extend([222, 333])
11   print('3.在列表末尾添加列表:{0}'.format(x))
12   #在指定位置添加元素
13   x.insert(3, 555)
14   print('4.在指定位置添加元素: {0}'.format(x))
15   #从列表中删除具有指定值的元素
16   x.remove(555)
17   print('5.从列表中删除元素: {0}'.format(x))
18   #从列表中弹出指定位置的元素
19   y = x.pop(2)
20   print('6.从列表中弹出元素: {0}'.format(y))
21   #求出指定元素的索引
22   print('7.元素333在列表中的位置: {0}'.format(x.index(333)))
23   #逆序排列列表元素
24   x.reverse()
25   print('8.反转列表中的所有元素: {0}'.format(x))
26   #对列表元素排序
27   x.sort()
28   print('9.对列表中的元素排序: {0}'.format(x))
```

程序运行结果如下:

```
请输入一个正整数:5
1.生成的列表内容:[73, 66, 39, 97]
2.在列表末尾添加元素: [73, 66, 39, 97, 100]
3.在列表末尾添加列表: [73, 66, 39, 97, 100, 222, 333]
4.在指定位置添加元素: [73, 66, 39, 555, 97, 100, 222, 333]
5.从列表中删除元素: [73, 66, 39, 97, 100, 222, 333]
6.从列表中弹出元素: 39
7.元素333在列表中的位置: 5
8.反转列表中的所有元素: [333, 222, 100, 97, 66, 73]
9.对列表中的元素排序: [66, 73, 97, 100, 222, 333]
```

5.1.2　使用元组

元组(tuple)与列表类似,它们同属于有序的序列类型,一些适用于序列类型操作和处理函数同样也适用于元组,不同之处在于列表是可变对象,元组则是不可变,元组一经创建,其元素便不能被修改。

1.元组的基本操作

从形式上看,元组的所有元素都放在一对小括号( )中,相邻元素之间用逗号","分隔。例如:

```
1    tuple1 = ()  #空元组
2    tuple2 = (1, 2, 3, 4, 5, 6)  #元组元素为整数
3    tuple3 = ("mathematics", "physics", "chemistry")  #元组元素为字符串
```

当元组中只包含一个元素时,需要在元素后面添加逗号,以防止被当作括号运算。例如:

```
tuple4 = ("all",)  #包含单个元素的元组
```

与列表相同,元组也可以通过Python内置的tuple()类来定义,因此可以通过调用该类的构造函数tuple()来创建元组,由此可以将字符串、列表等可迭代对象转换为元组。

由于元组属于不可变对象,元组中的元素是不允许修改的。如果试图通过赋值语句

修改元组中的元素,将会引发TypeError错误。元组中的元素是不允许删除的,但可以使用del语句来删除整个元组。

例5-6 元组的基本操作。

```
1    import random
2    tup = tuple([int(100 * random.random()) for i in range(10)])
3    print('1.元组内容:{0}'.format(tup))
4    print('2.元组长度:{0}'.format(len(tup)))
5    print('3.元组类型:{0}'.format(type(tup)))
6    print('4.遍历元组:')
7    for i in range(10):
8        print('\ttup[{0}]={1:<d}'.format(i, tup[i]), end='')
9        if (i + 1) % 5 == 0: print()
10   print('5.元组切片: tup[2:6]={0}'.format(tup[2:6]))
11   print('6元组求和:{0}'.format(sum(tup)))
12   print('7.元组最大元素:{0}'.format(max(tup)))
13   print('8.元组最小元素: {0}'.format(min(tup)))
```

程序运行结果如下:

```
1.元组内容:(96, 20, 5, 1, 5, 31, 73, 87, 73, 9)
2.元组长度:10
3.元组类型:<class 'tuple'>
4.遍历元组:
    tup[0]=96 tup[1]=20 tup[2]=5  tup[3]=1  tup[4]=5
    tup[5]=31 tup[6]=73 tup[7]=87 tup[8]=73 tup[9]=9
5.元组切片: tup[2:6]=(5, 1, 5, 31)
6.元组求和:400
7.元组最大元素:96
8.元组最小元素: 1
```

2.元组的装包与拆包

元组的装包指的是将多个值或对象组合成一个元组的过程,而元组的拆包(Unpacking)则是将元组中的值或对象解析为单独的变量或对象的过程。

元组的装包可以通过在括号中将多个值或对象用逗号分隔来实现,示例如下:

```
my_tuple = 1, 2, 3   #元组的装包
```

在这个示例中,数字 1、2 和 3 被装包成了一个元组 my_tuple。

元组的拆包可以通过将元组赋值给对应数量的变量来实现,示例如下:

```
x, y, z = my_tuple   #元组的拆包
```

在这个示例中,元组 my_tuple 的值被拆包并分别赋值给了变量 x、y 和 z。

元组的装包与拆包可以方便地进行多个变量的赋值和传递,例如函数的返回值可以作为元组进行装包,然后通过拆包来获取各个返回值。另外,还可以使用*运算符进行拆包,将多余的元素赋值给一个变量。这种灵活的装包与拆包操作使得元组在 Python 中非常实用。

例 5-7　用键盘输入两个字符串并存入两个变量,然后交换两个变量的内容。

```
1    s1 = input('请输入一个字符串:')
2    s2 = input('请再输入一个字符串:')
3    print('您输入的两个字符串是:')
4    print('s1={0},s2={0}'.format(s1, s2))
5    #执行元组封装和序列拆分操作
6    s1, s2 = s2, s1
7    print('交换两个字符串的内容:')
8    print('s1={0}, s2={1}'.format(s1, s2))
```

程序结果运行如下:

```
请输入一个字符串:JAVA
请再输入一个字符串:PYTHON
您输入的两个字符串是:
s1=JAVA, s2=JAVA
交换两个字符串的内容:
s1=PYTHON, s2=JAVA
```

5.1.3 使用字典

在 Python 中，字典（Dictionary）是一种可变的数据结构，用于存储键-值对（key-value pairs）。字典通过使用键来访问和存储值，而不是通过索引。字典在 Python 中的应用非常广泛。它可以用于存储和管理各种类型的数据，例如配置信息、用户信息、数据库记录等。通过键的快速访问，字典可以高效地查找和操作数据。还可以使用各种内置函数和方法对字典进行增删改查的操作，包括添加新的键值对、删除键值对、修改键值对以及查询特定键对应的值等。

1.创建字典

字典是用花括号{}括起来的一组"关键字:值"对，每个"关键字:值"对就是字典中的元素或条目。创建字典的一般语法格式如下。

```
字典名 ={关键字1:值1，关键字2:值2，…，关键字n:值n}
```

每个键在字典中是唯一的，而值可以重复。例如：

```
1    dict1 = {}  #创建一个空字典
2    dict2 = {'name': '小明', 'age': 18}  #关键字为字符串，值为整数
3    dict3 = {1: 'Python', 2: 'Java', 3: 'C', 4: 'PHP'}  #关键字为整数，值为字符串
```

字典是通过 Python 中内置的 dict 类定义的，因此也可以使用字典对象的构造函数 dict() 来创建字典，此时可以将列表或元组作为参数传入这个函数。如果未传入任何参数，则会生成一个空字典。例如：

```
1    dict1 = {}  #创建一个空字典
2    dict2 = {'name': '小明', 'age': 18}  # 关键字为字符串，值为整数
3    dict3 = {1: 'Python', 2: 'Java', 3: 'C', 4: 'PHP'}  #关键字为整数，值为字符串
4    dict4 = dict()  #创建一个空字典
5    dict5 = dict([('name', '小刚'), ('age', '18')])
6    dict6 = dict(name='小红', age=18)
```

2.字典的基本操作

创建字典后，可以对字典进行各种各样的操作，主要包括：访问字典中的值、添加或

修改键–值对、删除键–值对、检查键的存在性、获取所有键和获取所有值或所有键–值对，具体的操作方法如表5–3所示。

表5–3　字典的基本操作

操作类型	具体操作
访问字典中的值	使用键来访问字典中的对应值，通过使用方括号[]操作符或者get()方法。
添加或修改键–值对	通过直接赋值的方式添加或修改字典中的键–值对。
删除键–值对	使用del关键字来删除字典中的键–值对，或者使用pop()方法删除指定键的键–值对并返回被删除的值。
检查键的存在性	使用in关键字来检查一个键是否存在于字典中。
求字典的长度	使用len()函数来获取字典中键–值对的数量，即字典的长度。

例5–8 字典的基本操作。

```
1    student = {'name': '小明', 'age': '18'}
2    print('初始化字典信息:', student)
3    print('1.访问字典元素:{0}'.format(student['name']))
4    print('2.添加字典信息score:', end='')
5    student['score'] = [90, 86, 70]
6    print(student)
7    print('3.更新字典信息小明变为小红:', end='')
8    student['name'] = '小红'
9    print(student)
10   print('4.删除字典元素"score":', end='')
11   del student['score']
12   print(student)
13   print('5.检测小明关键字是否存在字典中:{0}'.format('小明' in student))
14   print('6.字典的长度为:{0}'.format(len(student)))
```

程序运行结果如下：

```
初始化字典信息: {'name': '小明', 'age': '18'}
1.访问字典元素:小明
2.添加字典信息score:{'name': '小明', 'age': '18', 'score': [90, 86, 70]}
3.更新字典信息小明变为小红:{'name': '小红', 'age': '18', 'score': [90, 86, 70]}
```

4.删除字典元素"score":{'name': '小红', 'age': '18'}

5.检测小明关键字是否存在字典中:False

6.字典的长度为:2

3.字典的常用方法

在使用字典的过程中,除了基础操作,还需要学会一些方法的使用。方法见表5-4所示。

表5-4 字典的方法

常用方法	功能
clear	清空字典内容。
get	获取指定键对应值。
items	返回包含对象中所有键及其值的2元组的列表。
keys	返回对象中所有键的元组形式。
values	返回对象中所有值的元组形式。
pop	如果键在字典中,则移除它并返回其值,否则返回默认值。如果未给定默认值且键不在字典中,则会引发键错误。

例5-9 字典的基本方法。

```
1   students = {1001: '小明', 1002: '小红', 1003: '小刚', 1004: '小李'}
2   print('初始化字典信息:', students)
3   print('1.使用clear()方法进行清空操作:{0}'.format(students.clear()))
4   students = {1001: '小明', 1002: '小红', 1003: '小刚', 1004: '小李'}
5   print('恢复初始化字典信息:', students)
6   print('2.使用get()方法获取1001键信息:{0}'.format(students[1001]))
7   print('3.使用items()方法获取字典中成对的键和值:{0}'.format(students.items()))
8   print('4.使用keys()方法获取字典中的所有键:{0}'.format(students.keys()))
9   print('5.使用values()方法获取字典中的所有值:{0}'.format(students.values()))
10  print('6.使用pop()方法删除1001键:{0}'.format(students.pop(1001)))
```

程序运行结果如下:

初始化字典信息: {1001: '小明', 1002: '小红', 1003: '小刚', 1004: '小李'}

1.使用clear()方法进行清空操作:None

恢复初始化字典信息: {1001: '小明', 1002: '小红', 1003: '小刚', 1004: '小李'}

2.使用 get()方法获取 1001 键信息:小明

3.使用 items()方法获取字典中成对的键和值:dict_items([(1001, '小明'), (1002, '小红'), (1003, '小刚'), (1004, '小李')])

4.使用 keys()方法获取字典中的所有键:dict_keys([1001, 1002, 1003, 1004])

5.使用 values()方法获取字典中的所有值:dict_values(['小明', '小红', '小刚', '小李'])

6.使用 pop()方法删除 1001 键:小明

5.1.4 使用集合

在 Python 中,集合(set)是由一些不重复的元素组成的无序组合。集合分为可变集合和不可变集合。与列表和元组等有序序列不同,集合并不记录元素的位置,因此对集合不能进行索引和切片等操作。不过,有一些用于序列的操作和函数也可以用于集合。本小节主要讲解可变集合。

1.创建集合

创建可变集合的最简单方法是使用逗号分隔一组数据并放在一对花括号中。例如:

```
1    set1 = {1, 2, 3, 4, 5, 6}   #集合元素为整数
2    set2 = {1, 2, 3, 'AAA', 'BBB', 'CCC'}   #集合元素为整数或字符串
3    set3 = {1, 1, 1, 1, 2, 2, 2, 3, 3, 3}   #集合元素出现重复
4    print('1.set3集合内容:', set3)
5    set4 = set()   #创建一个空集合
6    set5 = set([1, 1, 1, 1, 2, 2, 2, 3, 3, 3])
7    print('2.set5集合内容:', set3)
8    set6 = set('Python')
9    print('3.set6集合内容:', set6)
```

程序运行结果如下:

1.set3集合内容: {1, 2, 3}

2.set5集合内容: {1, 2, 3}

3.set6集合内容: {'y', 'o', 't', 'n', 'h', 'P'}

2.集合的基本操作

集合最常做的操作就是进行交集、并集、差集以及补集运算,如图5-1所示。

(1)交集是指属于集合A且属于集合B的元素所组成的集合;

(2)并集是指集合A和集合B的元素合并在一起组成的集合;

(3)差集是指属于集合A但不属于集合B的元素所组成的集合;

(4)补集是指属于集合A和集合B但不同时属于两者的元素所组成的集合。

Python中集合之间支持前面所介绍的四种操作,操作逻辑与数学定义完全相同。Python提供了四种操作符以实现这四项操作,分别是交集(&)、并集(|)、差集(−)、补集(^)。

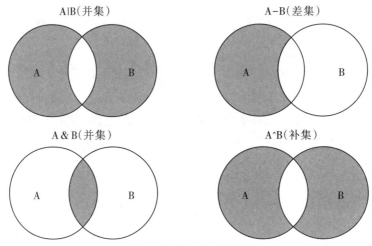

图5-1 集合间关系的操作

例5-10 用键盘输入一些数字组成两个集合,然后使用相关运算符计算这两个集合交集、并集、差集以补集。

```
1   tuple1 = input('请输入一些数字组成第一个集合:')
2   tuple2 = input('请再输入一些数字组成第二个集合:')
3   set1 = set(tuple1)
4   set2 = set(tuple2)
5   print('-' * 66)
6   print('创建的两个集合如下:')
7   print('set1 = {0}'.format(set1))
8   print('set2 = {0}'.format(set2))
9   print('-' * 66)
10  print('集合运算结果如下:')
```

```
11    print('1.交集： set1 & set2 = {0}'.format(set1 & set2))
12    print('2.并集： set1 | set2 = {0}'.format(set1 | set2))
13    print('3.差集： set1 - set2 = {0}'.format(set1 - set2))
14    print('4.对称差集： set1^ set2 = {0}'.format(set1 ^ set2))
```

程序运行结果如下：

```
请输入一些数字组成第一个集合:123678
请再输入一些数字组成第二个集合:12956
----------------------------------------------------------------
创建的两个集合如下：

set1 = {'6', '1', '2', '8', '3', '7'}
set2 = {'6', '1', '9', '2', '5'}
----------------------------------------------------------------
集合运算结果如下：
1.交集:set1 & set2 = {'1', '6', '2'}
2.并集： set1 | set2 = {'6', '1', '9', '2', '5', '8', '3', '7'}
3.差集： set1 - set2 = {'3', '7', '8'}
4.对称差集： set1^ set2 = {'5', '8', '3', '9', '7'}
```

3.集合的常用方法

集合对象拥有许多成员方法,其中有一些同时适用于所有集合类型,另一些则仅适用于可变集合类型。常用可变集合的方法如表 5-5 所示。

表 5-5　集合的常见方法

常用方法	功能
S.add(x)	往集合 S 中添加元素 x(x 不属于 S)
S.remove(x)	若 x 在集合 S 中,则删除该元素,不在则产生 KeyError 异常
S.discard(x)	若 x 在集合 S 中,则删除该元素,不在则不会报错
S.pop()	随机返回集合 S 中的一个元素,同时删除该元素。若 S 为空,则产生 KeyError 异常
S.clear()	删除集合 S 中的所有元素
S.copy()	返回集合 S 的一个拷贝
S.isdisjoint(T)	若集合 S 和 T 中没有相同的元素,则返回 True

例5-11 集合的常用方法实例。

```
1    set_demo = {10, 151, 33, 98, 57}   #创建集合
2    print('初始化的集合：{0}'.format(set_demo))
3    set_demo.add(61)   #往集合中添加元素61
4    print('1.往集合中添加元素61:{0}'.format(set_demo))
5    set_demo.remove(151)   #从集合中删除元素151
6    print('2.从集合中删除元素151:{0}'.format(set_demo))
7    set_demo.pop()   #从集合中随机删除一个元素
8    print('3.从集合中随机删除一个元素:{0}'.format(set_demo))
9    set_demo.clear()   #删除集合中的所有元素
10   print('4.删除集合中的所有元素:{0}'.format(set_demo))
```

程序运行结果如下：

```
初始化的集合:{33, 98, 151, 57, 10}
1.往集合中添加元素61:{33, 98, 151, 57, 10, 61}
2.从集合中删除元素151:{33, 98, 57, 10, 61}
3.从集合中随机删除一个元素:{98, 57, 10, 61}
4.删除集合中的所有元素:set()
```

5.2 项目实施

任务5-1 学生信息录入系统

扫码看微课

1. 任务描述

创建一个简单的学生信息录入系统，用于输入学生的姓名、性别和年龄信息，同时以字符串的形式输出学生信息。

2. 任务分析

在字典中使用中文作为关键字，通过for循环遍历字典中的所有关键字以显示字段标题；通过嵌套的for循环输出字段值，外层循环执行一次处理一个字典对象（对应于一

个学生),内层循环执行一次输出字典中的一个值(对应于一个字段值)。

3. 任务实现

```
1    students = []
2    print('学生信息录入系统')
3    print('-' * 60)
4    while 1:
5        student = {'姓名': input('输入姓名:'), '性别': input('输入性别:'), '年
     龄': int(input('输入年龄:'))}
6        students.append(student)
7        choice = input('继续输入吗?(Y/N)')
8        if choice.upper() == 'N': break
9    print('-' * 60)
10   print('录入结果如下:')
11   #遍历字典中的所有关键字
12   for key in students[0].keys():
13       print('{0:6}'.format(key), end='')
14   print()
15   # 遍历列表中的每个字典
16   for stu in students:
17       #遍历字典中的每个值
18       for value in stu.values():
19           print('{0:<6}'.format(value), end='')
20       print()
```

程序运行结果如下:

```
学生信息录入系统
------------------------------------------------------------
输入姓名:小明
输入性别:男
输入年龄:18
继续输入吗?(Y/N)Y
```

输入姓名:小红

输入性别:女

输入年龄:18

继续输入吗?(Y/N)N

——

录入结果如下:

姓名	性别	年龄
小明	男	18
小红	女	18

任务5-2 教务管理系统

扫码看微课

1. 任务描述

设计一个学生信息管理系统,实现学生信息的录入、查询、修改和删除功能。

(1)学生信息录入

★用户输入学生的姓名、年龄和班级信息。

★将学生的信息存储在一个字典中,以学生姓名为键,包含姓名、年龄和班级的字典作为值。

(2)学生信息查询

★用户输入要查询的学生姓名。

★根据学生姓名在字典中查找对应的学生信息,并打印出来。

(3)学生信息修改

★用户输入要修改的学生姓名。

★如果学生存在,用户可以选择修改学生的年龄或班级信息。

★更新字典中对应学生的信息。

(4)学生信息删除

★用户输入要删除的学生姓名。

★如果学生存在,从字典中删除对应的学生信息。

(5)系统菜单

★提供用户界面,显示可用的操作选项。

★用户可以根据菜单选项选择进行相应的操作,或选择退出系统。

2. 任务分析

代码使用一个无限循环来提供系统的操作菜单,用户可以根据菜单选项选择相应的操作。这种设计使得用户可以进行多次操作,而不必每次重新启动程序。学生信息可以以字典的形式存储,其中学生姓名作为键,包含姓名、年龄和班级的字典作为值。这种数据结构使得每个学生的信息可以方便地进行存储和访问。

3. 任务实现

```
1    student_dict = {}   #创建一个空的学生信息字典
2    while True:
3        print("学生信息管理系统")
4        print("1. 录入学生信息")
5        print("2. 查询学生信息")
6        print("3. 修改学生信息")
7        print("4. 删除学生信息")
8        print("5. 退出系统")
9        choice = input("请输入选项:")
10       if choice == "1":
11           name = input("请输入学生姓名:")
12           age = int(input("请输入学生年龄:"))
13           class_name = input("请输入学生班级:")
14           student_dict[name] = {"姓名": name, "年龄": age, "班级":class_name}
15           print(f"学生信息录入成功! 姓名:{name},年龄:{age},班级:{class_
             name}")
16       elif choice == "2":
17           name = input("请输入要查询的学生姓名:")
18           if name in student_dict:
19               student_info = student_dict[name]
20               print("学生信息如下:")
21               for key, value in student_info.items():
22                   print(f"{key}:{value}")
```

```
23          else:
24              print("学生信息不存在！")
25      elif choice == "3":
26          name = input("请输入要修改的学生姓名:")
27          if name in student_dict:
28              print("请选择要修改的信息:")
29              print("1. 年龄")
30              print("2. 班级")
31              option = input("请输入选项:")
32              if option == "1":
33                  new_age = int(input("请输入新的年龄:"))
34                  student_dict[name]["年龄"] = new_age
35                  print("学生年龄修改成功！")
36              elif option == "2":
37                  new_class = input("请输入新的班级:")
38                  student_dict[name]["班级"] = new_class
39                  print("学生班级修改成功！")
40              else:
41                  print("无效的选项！")
42          else:
43              print("学生信息不存在！")
44      elif choice == "4":
45          name = input("请输入要删除的学生姓名:")
46          if name in student_dict:
47              del student_dict[name]
48              print("学生信息删除成功！")
49          else:
50              print("学生信息不存在！")
51      elif choice == "5":
52          print("谢谢使用,再见！")
53          break
54      else:
55          print("无效的选项！")
```

程序运行结果如下：

学生信息管理系统

1. 录入学生信息

2. 查询学生信息

3. 修改学生信息

4. 删除学生信息

5. 退出系统

请输入选项：1

请输入学生姓名：小明

请输入学生年龄：19

请输入学生班级：人工智能2201

学生信息录入成功！姓名：小明,年龄：19,班级：人工智能2201

学生信息管理系统

1. 录入学生信息

2. 查询学生信息

3. 修改学生信息

4. 删除学生信息

5. 退出系统

请输入选项：2

请输入要查询的学生姓名：小明

学生信息如下：

姓名：小明

年龄：19

班级：人工智能2201

5.3　项目实训：电影票售卖系统

查看参考代码

1. 项目描述

这个系统可以让用户查看电影列表、购买电影票、查询购票记录等。

主要功能：

（1）查看电影列表：系统会展示当前可售卖的电影列表,包括电影名称、演员、上映时间、票价等信息。

（2）购买电影票：用户可以选择电影并输入购票数量，系统会计算总票价并展示给用户确认。

（3）查询购票记录：用户可以查询自己的购票记录，包括购票时间、电影名称、购票数量、总票价等信息。

（4）退出系统：用户可以在任何时候退出系统。

2. 项目分析

实现思路：

（1）定义电影列表：将电影信息存储在一个列表中，每个电影信息都包括电影名称、演员、上映时间、票价等。

（2）提供菜单选项：用户可以根据菜单选项选择相应的操作。

（3）查看电影列表：通过循环遍历电影列表，并使用print()函数展示电影信息。

（4）购买电影票：用户可以输入要购买的电影名称和购票数量，系统会计算总票价并展示给用户确认。

（5）查询购票记录：将每次购票记录存储在一个字典中，以购票时间为键，包含电影名称、购票数量、总票价等信息的字典作为值。用户可以根据购票时间查询自己的购票记录。

3. 做一做

学生根据本章的知识点和对后续章节的预习，独立完成本实训。

5.4 思政讲堂：钱学森96分的水力学考卷

在上海交通大学的图书馆里，珍藏着一份96分的水力学试卷，做这份试卷的人就是钱学森。在这样一份普通的试卷之后，却有着一个感人的故事。原来钱学森在上海交通大学就读时，品学兼优，各门学科都得90分以上。在一次水力学考试中，钱学森答对了所有的6道题，他的任课老师金老师很高兴，给了钱学森100分的满分成绩。但钱学森却发现自己答题时把一处符号"Ns"误写成"N"了。钱学森主动把这个小错误告诉了老师，老师也把100分的试卷改为了96分。任课老师金老师一直保存着他的爱徒的试卷，即使在战乱的迁徙中也一直保存在行李箱中。在20世纪80年代钱学森再次回到母校的时候，金老师拿出了这份珍贵的试卷，赠予了母校。这份小小的试卷也反映了一位世界著名科学家对自己的严格要求，对学习、科研的一丝不苟、虚心诚实。

5.5 项目小结

通过本项目学习了Python提供的4种内置的典型数据结构，即列表、元组、字典和集合。列表和元组都是有序序列,字典和集合则属于无序的数据集合。列表和元组都是有序的数据结构,可以存储多个元素,并且允许通过索引访问和操作其中的元素。列表是可变的,可以修改、添加和删除元素,而元组是不可变的,一旦创建就不能被修改。列表和元组在处理有序数据集合时非常有用。

字典和集合则是无序的数据结构。字典以键–值对的形式存储数据,通过键来访问和操作值。字典提供了高效的查找和检索功能,并且可以动态地添加、修改和删除键值对。集合是一组唯一的元素的无序集合,可以执行集合运算(如并集、交集、差集)和判断元素是否存在等操作。字典和集合在需要根据键来查找和处理数据时非常有用。

通过掌握这四种内置数据结构,你可以更加灵活地处理和组织数据,根据不同的需求选择合适的数据结构来优化程序的性能和可读性。

5.6 练习题

一、选择题

1. 哪种数据结构是有序的,可以修改其中的元素?　　　　　　　　　(　　)

　A. 列表　　　　B. 元组　　　　C. 字典　　　　D. 集合

2. 下面哪种数据结构是不可变的,一旦创建就不能被修改?　　　　　(　　)

　A. 列表　　　　B. 元组　　　　C. 字典　　　　D. 集合

3. 当进行拆分赋值时,为了将多个元素值赋予某个变量,可以在该变量名前面添加(　　)

　A. *　　　　　B. **　　　　　C. #　　　　　D. !

4. 要在列表指定位置插入新的元素,可以调用列表对象的　　　　　　(　　)

　A. append()　　B. extend()　　C. insert()　　D. pop()

5. 通过赋值语句x={1,2,3,4,5,6},可以将一个(　　)对象引用赋予变量x。

　A. 列表　　　　B. 元组　　　　C. 集合　　　　D. 字典

6. 要计算两个集合的对称差值,应当使用(　　)运算符。

　A. &　　　　　B. -　　　　　C. ^　　　　　D. |

7. 要判断一个集合是否为另一个集合的真子集,应当使用(　　)运算符。

　A. <　　　　　B. <=　　　　　C. >　　　　　D. >=

二、编程题

1. 编写程序,用键盘输入一些正整数组成一个列表,然后求出列表的长度、最大元素、最小元素以及所有元素之和并将列表元素按升序排序。

2. 编写程序,用键盘输入一个正整数,然后以该整数作为长度生成一个列表并用随机数对列表元素进行初始化,然后利用列表对象的成员方法对该列表进行以下操作:在末尾添加一个元素;在末尾添加一个列表;在指定位置添加元素;弹出指定位置上的元素；返回列表元素；对列表元素排序。

3. 编写程序，用键盘输入一些数字组成两个集合，然后使用相关运算符计算这两个集合的交集、并集、差集以及对称差集。

4. 编写程序，用键盘输入一些数字组成两个集合，然后通过调用集合对象的相关方法来判断两个集合之间的关系并计算两个集合的交集、并集、差集和补集。

项目6 函 数

项目导入:在程序开发过程中,开发者往往会遇到某些代码功能需要在不同地方被重复利用。例如,在游戏开发中,无论游戏中的角色出现在游戏世界中的哪一场景里,总会拥有并激活其移动、攻击等功能;在网站开发中,用户在浏览该网站的任何页面时,都可以启动登录、注册等功能。这就好比在烹饪过程中,我们首先都要对食材进行清洁工作。对于使用了相同原材料的不同菜肴,我们可不想对新手厨师重复交代食材的清洁步骤,要是把食材的清洁步骤一次性汇集写在纸上,或等价地"刻"在新手厨师的脑子里,那将省去大量的重复工作量。这个过程,就相当于对完成某一项功能的一段代码进行封装,并赋予其一个名字,并在需要执行这项功能的其他地方对其进行调用——这就是函数。

职业能力目标与要求:

⇨ 了解 Python 函数的定义	⇨ 掌握定义和调用 Python 函数的语法
⇨ 掌握函数返回与参数的语法	⇨ 掌握 Python 递归函数的含义与用法
⇨ 了解 Python 匿名函数的含义及用法	⇨ 了解 Python 内置函数的作用及用法

课程思政目标与案例:

⇨ 具备良好的道德修养和正确的人生观	⇨ 儒家学说的巨著《论语》

6.1 知识准备

6.1.1 函数的定义与调用

1. 函数的定义

函数的概念早在计算机诞生初期就已出现,并广泛应用于各种编程语言标准中。我们常常会把一组代码的集合简单称作一个代码块。而函数正是拥有某些优势的一个代码块,其中一个明显的优势就是,我们可以在程序运行中的任何时候、任何地方复用这个代码块的功能。原则上,我们可以将任何代码块封装成一个函数。当然,为了使函数所包含的代码功能能够被重用,它必须满足一定的语法规则。

函数的定义由函数名、形参列表和函数体三部分组成,其中关键字def表示要定义一个函数,函数名表示定义函数的名字,形参列表是一个可选项,表示函数在调用时可以接受多少个参数,函数体则是实现函数功能的代码块。函数定义的基本语法如下所示:

```
1    def  function_name(parameter1, parameter2,...):
2        """
3        Function  docstring(optional)
4        """
5        #函数体
6        statement1
7        statement2
9        ...
10       return  value  #(optional)
```

其中:

● def是Python中定义函数的关键字;

● function_name是函数的名称,可使用任意数量的大小写英文字母、数字和下划线来命名,但不能以数字开头、不能与关键字重复,且不宜过长,遵循PEP8规范;

● parameter1, parameter2, ...是函数的参数,也称为形参,多个参数之间用逗号分隔。形参可以在函数内部使用;

● Function docstring是可选的文档字符串,用于描述函数的作用、参数和返回值等信息;

● statement1, statement2, ...是函数的执行语句,用于实现函数的具体功能的函数体;

● return语句用于返回函数的返回值,可以省略。如果省略,函数将返回None。

上述函数语法即定义一个函数最基本的语法。除了以上提到的各个组成部分的含义以外,其中还有几点需要注意:

1)关键字def和函数名之间要用空格隔开;

2)形参列表可以为空,但圆括号不可省略;

3)关键字def、函数名、形参列表统称为函数头,函数头之后需要敲入一个冒号,函数体必须另起一行书写,且必须要有缩进。在后文中,也可能会将冒号看成函数头的组成部分。

例6-1 定义hello()函数。

```
1    def hello():
2        print("Hello, world! ")
```

上述定义的函数中包含了定义函数所需要的几个基本要素:关键字def、函数名hello、冒号,一行代码的函数体,其中形参列表为空,函数的返回值None。

2. 函数的调用

函数调用是使用已经定义好的函数来完成某个特定功能的过程。函数在被调用时,解释器并非真的将被调函数的函数体代码复制一份插入到调用函数的那个代码位置,而是使得程序的控制流直接转移到被调函数的函数体中,再执行其中的代码。当函数体中的代码执行到结尾时,控制流再从函数体中回到调用函数的代码位置(即调用点)之后,以执行后续的代码。调用函数只需要使用函数名和实参列表,其基本语法如下所示:

函数名(实参列表)

其中,函数名是已经定义好的函数的名称,实参列表是函数调用时传入函数的值,实参列表需要与函数定义时的形参列表一一对应。如果函数没有形参,则实参列表可以为空,但是圆括号不能省略。

例6-2 调用hello()函数。

```
1    def hello():
2        print("hello, world! ")
3
4    hello()
```

上述代码中,没有传递任何参数,函数的调用过程为:

首先,执行第1行代码,即函数的定义,定义了一个名为hello的函数,该函数不需要传入任何参数,函数体内有一条语句,即打印"hello, world!"的字符串。

然后,执行第4行代码,即调用hello函数,程序会跳转到函数体内执行函数体内的语句。

再执行函数体内的第2行语句,即打印"hello, world!"的字符串。

最后,函数体执行完毕,程序跳回到函数调用的位置,如果下面还有其他语句,则继续执行后续代码。

6.1.2　函数的返回值

函数的返回值就是将函数执行后的一些结果传回到调用点的一种机制,其基本语法如下:

> return　返回值

函数的返回值是函数执行完毕后将结果返回给调用者的方式。在 Python 中,使用关键字"return"来定义函数的返回值。通常,return 语句放在函数体内的最后一行,表示函数执行完毕并将结果返回给调用者。函数的返回值可以是任何合法的表达式,包括单个变量、单个值或者更加复杂的表达式,也可以为空,此时函数返回 None。

下面是一个简单的例子,展示了如何使用 return 语句定义函数的返回值:

例 6-3　返回语句示例。

```
1    return                 #没有返回值,则实际返回 None
2    return val             #返回变量 val 的值
3    return 10              #返回一个整型值
4    return [1,2,3]         #返回一个列表值
5    return "hello"         #返回一个字符串值
6    return 1*(2+3)         #返回一个算术表达式的计算结果
7    return time()          #调用一个函数,将该函数的返回值作为自己的返回值
8    return val1 if len("happy")>12 else val2   #稍微复杂的表达式,返回该表达式
     的结果值
```

返回值可以是一个,也可以是多个。当返回值为多个时,不同返回值之间需要用逗号隔开。例如,返回值为三个的基本语法如下:

> return　返回值1, 返回值2, 返回值3

例 6-4　返回多个值的示例。

```
1    return val, vec
2    return 10, "IlikePython!", len("Hello")
```

```
3    return str, [1, 2, 3], -1, 12 + len("happy")
```

需要注意一点：函数体内一旦执行完return语句，该函数体语句就执行结束。

例6-5 姓名的判断

```
1    user = "Amy"
2    def greet():
3        if user == "Amy":
4            return "I'm Amy"
5        else:
6            return "I'm not Amy"
7        return "not reach here forever"
8
9    greet()
```

在该示例中，第3行至第7行都属于greet()函数的函数体。在函数greet()中，我们使用了条件控制结构：当判断变量user的值为"Amy"，则程序控制流会转移到第4行，即函数会返回字符串值"I'm Amy"；否则，程序控制流会转移到第6行，即返回字符串值"I'm not Amy"。但无论如何，控制流必然会转移到第4行与第6行中的其中一行，然后跳出函数。因此，第7行的返回语句总不会执行。

函数调用语句可以像一个表达式一样被使用。例6-6中的几个示例就是将函数的返回值赋给变量，或者参与到表达式的计算当中，也可以像没有返回值的函数一样来进行调用，直接将返回值忽略。

例6-6 函数调用语句的示例。

```
1    val = input()       #input()函数会返回一个值,该值赋给变量val
2    str1, str2 = split(str)         #split()函数会返回两个值,分别赋给变量str1和str2
3    msize = len("Hello") + 12   #len()函数的返回值与12相加后赋给变量msize
4    len("Hello")   #该函数调用语句被正常执行,只是它的返回值被丢弃了
```

6.1.3 函数的参数

函数参数的作用是允许用户输入数据传递给函数，使函数能够根据这些输入数据执

行相应的操作并返回结果。在 Python 中,参数类型包括:位置参数、关键字参数、默认参数、可变参数等,以下将依次介绍。

1. 位置参数

定义函数时的参数称为"形参",调用函数时的参数称为"实参"。位置参数是指函数定义中的参数,调用函数时需要按照函数定义的顺序将实参传递为形参。位置参数是最常用的参数类型。

先来看看将例6-5改写的带参数的 greet_arg2() 函数。

例 6-7 greet_arg2() 函数。

```
1    def greet_arg2(user, age):
2        if user == "Amy" and age>=18:
3            return "I'm Amy, I'm an adult now"
4        else:
5            return "I'm not Amy or I'm aminor"
6
7    myname = input("请输入你的名字:")
8    myage = int(input("请输入你的年龄:"))
9    ret = greet_arg2(myname, myage)
10   print(ret)
```

在例6-5中,用到的 user 变量是第1行所定义的全局变量,这是为了例6-5程序正确性而附加的变量定义,但它并不是函数定义的一部分。在例6-7中,我们从键盘输入姓名和年龄赋值为 myname 和 myage,在调用 greet_arg2() 函数时,实参 myname 和 myage 将按顺序一对一传输给形参 user 和 age。

执行以上代码的顺序是:

首先定义了一个函数 greet_arg2(),该函数有两个形参 user 和 age;

在第7行和第8行分别使用 input() 函数和 int() 函数获取用户输入的姓名和年龄;

在第9行中,调用函数 greet_arg2(),并将用户输入的姓名和年龄作为实参传递给该函数;

函数 greet_arg2() 会根据用户输入的姓名和年龄判断其是否为成年人并返回相应的结果;

第9行中调用函数 greet_arg2() 后,将其返回值赋给变量 ret;

第10行中,使用 print() 函数输出变量 ret 的值。

在定义函数时,你只需要为形参取个名字,然后在函数体中像使用其他变量一样来使用这个形参变量就行了。形参列表中可以不包含任何形参变量(如例6-2),也可以只包含一个形参变量(如例6-5),也可以包含多个形参变量(如例6-7)。如果包含多个形参变量,则每个形参变量之间要用逗号隔开。

例6-8 带三个参数的greet_arg_3()函数。

```
1    def greet_arg_3(user, age, fruit):
2        return "Hello, I'm"+user+", I'm"+str(age)+ ", i like"+fruit
```

位置参数是,其包含的实参表达式的数量与被调函数的形参列表中的形参数量一样,且位置一一对应。例6-9展示了一些调用带参函数的语句示例。

例6-9 调用带参函数的语句示例。

```
1    greet_arg("Amy ")
2    greet_arg_3("Amy ", 21, "apple ")
3    greet_arg_3(name, 10+2+val, "apple ")
4    greet_arg_3("Amy ", compute_age(), "apple ")
```

在例6-9中,第1行调用了greet_arg()函数,其中的实参列表中包含一个字符串值"Amy",对应该函数形参列表中的user变量。第2行至第4行为调用greet_arg_3()函数的示例,其中的实参列表中的三个实参表达式分别对应例6-8中函数形参列表中的user变量、age变量和fruit变量。在第3行中,第1个实参为一个变量name,该值将用来设置形参user的值;第2个实参为一个较为复杂的表达式,其计算结果将作为形参age的值(当然,变量name与变量val必须先前已有定义);第3个实参为一个字符串值"apple",将作为形参fruit的值。在第4行中,第2个实参为一个调用函数语句,其调用结束后的返回值将作为形参age的值(当然,compute_age()函数必须先前已有定义)。

2. 关键字参数

除了位置参数,还存在另一种实参参数,被称作关键字参数,即实参表达式中包含形参名及其赋值操作。例6-10是调用greet_arg_3()函数时使用关键字实参的示例。

例6-10 使用关键字实参的语句示例。

```
1    greet_arg_3(user = "Amy", age = 21, fruit = "apple")
```

```
2    greet_arg_3(age = 10 + 2 + val, fruit = "apple", user = name)
3    greet_arg_3("Amy", fruit = "apple", age = compute_age())
```

例6-10中的3行调用语句是对例6-9中第2行至第4行的调用语句的改写。比如，第1行调用语句中的实参列表包含了3个关键字实参，以此指明要给哪个形参赋什么值。

当使用关键字实参时，不必再像使用位置实参那样要求实参和形参的位置一一对应。如例6-10中第2行的调用语句所示，尽管形参的顺序是user、age、fruit，但是关键字实参对应要赋值的形参的顺序为age、fruit、user。无论定义函数的形参有多少个，关键字实参的顺序都可以任意，当然也可以和形参顺序完全一致。

在同一个实参列表中，位置实参与关键字实参也可以混用，如例6-10中的第3行调用语句所示。但需要注意的是，位置实参不可出现在关键字实参之后，否则会报错。

例6-11 错误使用关键字参数示例。

```
1    def greet_arg_3(user, age, fruit):
2        return "Hello, I'm" + user + ", I'm"  + str(age)+ ", I like" +fruit
3
4    ret = greet_arg_3(user="mike", 7, "apple")
5    print(ret)
```

运行以上代码，输出结果：

```
D:\my_py\venv\Scripts\python.exe  D:/my_py/first/cc.py
   File "D:\my_py\first\cc.py", line 4
     ret = greet_arg_3(user="mike", 7, "apple")
                                                        ^
SyntaxError: positional argument follows keyword argument
```

在例6-11中，调用greet_arg_3()时传入的第一个实参为关键字实参，对应该函数形参列表中的第一个形参user；后两个实参为位置实参，分别对应形参列表中的age和fruit。乍看之下，实参顺序与形参顺序完全一致，但依然会报一个语法错误。错误信息"position argument follows keyword argument"表示你在关键字实参之后使用了位置实参，这是不被允许的。因此，在实参列表中，关键字实参之后不可再使用位置实参，哪怕前面的关键字实参的顺序与形参是一一对应的。

3. 默认参数

在调用带参函数时,实参的作用是为形参赋初始值。形参变量在函数体中,会像其他变量一样被使用,同样也可能会被重新赋值。在定义函数时,我们可以为形参设置默认值,这样在调用函数时如果没有传递该参数,则会使用该默认值。

例 6-12 默认参数示例。

```
1    def greet_arg_3_default(user, age=20, fruit="apple"):
2        return "Hello, I'm" + user + ", I'm" + str(age)+ ", I like" + fruit
3
4    ret = greet_arg_3_default("mike", 18)
5    print(ret)
```

执行以上的代码,输出结果:

```
Hello, I'm mike, I'm 18, I like apple
```

例 6-12 中的 greet_arg_3_default()是对 greet_arg_3()的改写,在定义函数时,将形参 age和 fruit 赋予了默认值。在第 4 行,调用函数时给了两个实参,第一个实参"mike"传递给了第一个形参 user,第二个实参 18 传递给第二个形参 age,这时形参 age 默认值被重新赋值为 18,第三个形参 fruit 没有实参传递值过来,则采用默认值"apple"。

在调用带参函数时,我们可以给带默认值的形参传值,也可以不给它传值。如果我们给带默认值的形参传值,那么在调用时,形参的值就是你传入的实参表达式的值;否则,该形参的值则为默认值。

需要注意的是,在设置默认参数时,非默认参数(即未设置默认值的形参)放在前面,默认参数(即设置了默认值的形参)必须放置在非默认参数的后边,否则将报错。现修改例 6-12 默认参数的位置,结果如下。

例 6-13 默认参数位置错误示例。

```
1    def greet_arg_3_default(age=20, user, fruit="apple"):
2        return "Hello, I'm"+ user+", I'm" + str(age)+ ", I like" + fruit
3
4    ret = greet_arg_3_default(18, "lucy")
5    print(ret)
```

执行以上的代码,输出结果:

```
D:\my_py\venv\Scripts\python.exe  D:/my_py/first/cc.py
File "D:\my_py\first\cc.py", line 1
        def greet_arg_3_default(age=20,user,fruit="apple"):
                                     ^
SyntaxError: non-default argument follows default argument
```

在最后一行提示:"non-default argument follows default argument",即默认参数在非默认参数之后。

例6-14展示了调用例6-12中greet_arg_3_default()函数的一些正确和错误的示例。

例6-14 调用greet_arg_3_default()函数的正确与错误示例。

```
1    greet_arg_3_default("Bob", 21,  "banana")          #正确
2    greet_arg_3_default("Bob", 21)                      #正确
3    greet_arg_3_default("Bob", "banana")                #错误
4    greet_arg_3_default("Bob", fruit="banana")          #正确
```

在例6-14中,第1行为最普通的调用greet_arg_3_default()函数的语法——为每一个形参都设置了位置实参,而不使用形参的默认值。在第2行中,我们使用了两个位置实参,用来依次设置形参user和age的值,而并未给形参fruit提供实参,因此形参fruit的值为默认值"apple"。在第3行中,也许我们希望形参age取默认值,而只打算设置形参user和fruit的值,但是在此处,我们使用了两个位置实参。按照语法规则,它们将对应形参user和age,也就是会将user设为"Bob",将age设为"banana",而fruit使用默认值,age的设置不是我们想要的! 正确的语法如第4行所示:使用位置实参(也可使用关键字实参)来设置形参user的值,省略age对应的实参,然后使用关键字实参(且只能使用关键字实参)来设置形参fruit的值。

4. 可变参数

当我们在定义函数时,无法确定函数将会接收到多少个参数,或者不确定参数的名称时,就需要使用可变参数。可变参数以"*"开头,后面接一个参数名。Python中提供了两种类型的可变参数:*args和**kwargs。

*args表示接收任意数量的非关键字参数,即在函数调用时可以传入任意个数的参数。这些参数会被组织成一个元组,作为形参传入函数。例如:

例6-15 求和:可变参数接收多个参数。

```
1    def my_sum(*args):
2        total = 0
3        for arg in args:
4            total += arg
5        return total
6
7    result = my_sum(1, 2, 3, 4)
8    print(result)    #输出10
```

在上述代码中,定义了一个名为my_sum的函数,该函数使用了可变参数*args。该可变参数可以接受任意数量的参数,并将这些参数以元组的形式传递给函数。在函数体内,通过for循环遍历参数元组,将参数逐个加起来,并返回最终的总和。在第7行调用my_sum()函数,并传入4个参数1、2、3、4。最终,函数返回这些参数的总和10,并将其赋值给变量result。在第8行,通过print函数输出变量result的值10。

**kwargs表示接收任意数量的关键字参数,即在函数调用时可以传入任意个数的关键字参数。这些参数会被组织成一个字典,作为形参传入函数。例如:

例6-16 可变的关键字参数示例。

```
1    def print_info(**kwargs):
2        for key, value in kwargs.items():
3            print(f"{key}:{value}")
4
5    print_info(name = "Alice", age = 25, location = "NewYork")
```

上述代码中,第1行定义了一个名为print_info的函数,函数的参数是一个关键字参数**kwargs,它允许调用者通过关键字传入任意数量的参数。在函数体中,我们遍历关键字参数kwargs,并将每个参数的键和值打印出来。第5行代码调用print_info函数,并传入三个关键字参数name、age和location,它们分别设置为"Alice"、25和"NewYork"。

在函数中,通过遍历kwargs打印出了每个关键字参数的键和值,输出结果为:

```
name:Alice
```

age:25

location:NewYork

需要注意的是,可变参数必须放在所有形参的最后面。如果同时使用*args和
kwargs,必须先定义*args,再定义kwargs。例如:

例6-17 可变参数位置示例。

```
1    def my_func(a, b, *args, **kwargs):
2        print(a)
3        print(b)
4        print(args)
5        print(kwargs)
6
7    my_func(1, 2, 3, 4, 5, name="Alice", age=25)
```

执行上述代码,在函数调用中,1和2分别赋值给a和b。因为使用了可变位置参数
*args,所以传入的第三个位置参数3会被收集到args中,传入的第四个位置参数4会被收
集到args中,传入的第五个位置参数5也会被收集到args中,args此时为(3,4,5)。

同样地,因为使用了可变关键字参数**kwargs,所以传入的name="Alice"会被收集到
kwargs中,age=25也会被收集到kwargs中,kwargs此时为{'name':'Alice','age':25}。

函数执行完毕,分别打印出a、b、args和kwargs的值,输出结果:

```
1
2
(3,4,5)
{'name':'Alice','age':25}
```

5. 传值与传引用

有些函数需要传入容器类型的值作为实参,例如字符串、元组、列表、字典、集合或自
定义的类。在Python中,变量都是对象,函数调用时传递的是变量对象的引用。这意味
着,在函数中对容器类型对象的修改,也会影响到原始变量的值。例6-18演示了一个在
函数中修改字符串变量的例子:

例6-18 函数中修改字符。

```
1    a = "Hello, world! "
2    print(a)
3
4    def greet_str_append(b):
5        b += "Hello, Python! "
6        print(b)
7
8    greet_str_append(a)
9    print(a)
```

在例6-18中,greet_str_append()函数做的事情,就是给变量b追加一个字符串"Hello,Python!"。这段代码的执行结果如下所示。

```
Hello, world!
Hello, world!Hello, Python!
Hello, world!
```

在例6-18中的第一行,我们定义了一个变量a,设置其值为"Hello,world!"。更准确地说,是在变量名的内存空间中创建了一个变量名a,并使其引用对象内存空间中的一个字符串对象"Hello,world!",如图6-1中箭头①所示。打印变量a实质就是打印被其引用的字符串对象"Hello,world!"。在第8行,我们调用了greet_str_append()函数,并将变量a的值传递给函数中的形参变量b,这会使得对象"Hello,world!"多一个引用,即变量b会引用字符串对象"Hello,world!",如图6-1中的箭头②所示。在greet_str_append()函数中,我们为变量b的值追加了一个字符串"Hello,Python!"。这个过程并不会修改原本的字符串对象"Hello,world!",而是重新创建一个字符串对象"Hello,world!Hello,Python!",并使变量b引用新创建的字符串对象,如图6-1中的箭头③,原先的箭头②将不复存在。因此,在第6行打印变量b时,实质上打印的是变量b新引用的字符串对象"Hello,world!Hello,Python!",而变量a的引用仍然保持不变。因此当第8行执行完毕,程序控制流跳出函数,变量b将从变量名的内存空间中被销毁,对于字符串对象"Hello,world!Hello,Python!",如果能确定在整个程序中没有任何变量引用它,那么它也会立刻或稍晚时候被销毁。再次打印变量a,将会打印变量a始终引用的字符串对象"Hello,world!"。

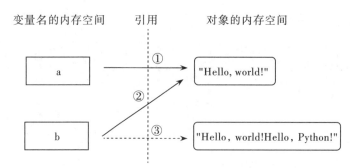

图6-1　变量名引用不可变对象示意图

Python的这种机制,使得函数体内局部变量的任意修改都不会影响调用点之外的变量的值。然而并非所有类型的值都会遵循这个规则。像字符串这样以新创建对象来实现修改变量值的对象,被称作**不可变对象**,除了字符串以外,元组和不可变集合也属于这种对象类型。除了不可变对象以外,还有另一种对象类型,当修改变量值时,会直接修改其对象内存空间中的值,这种对象相对地被称作**可变对象**,列表、字典和可变集合即属于这种对象类型。

例6-19展示了一个可变对象传入函数所发现的事情。在第一行中,我们定义了一个变量a,并为其赋了一个列表类型的值['Amy','Bob','Candy'],实质上是在变量名的内存空间里创建了一个变量名a,并在对象的内存空间中创建了一个列表对象['Amy','Bob','Candy'],然后令变量名a引用该列表对象,如图6-2中的箭头①。当执行到第8行时,我们调用了greet_list_append()函数,并将变量a的值传递给函数中的形参变量b。在这个过程中,Python解释器会在变量名的内存空间中创建一个变量名b,并且将实参a的值传递给形参变量b,即变量b会引用对象内存空间中的列表对象['Amy','Bob','Candy'],如图6-2中的箭头②。代码中的第5行会为变量b的末尾追加一个列表元素"David"。这个过程与例6-18稍显不同。在例6-18中,Python解释器会新创建一个字符串对象。而在这里,Python解释器会直接修改列表对象['Amy','Bob','Candy']的值,结果为['Amy','Bob','Candy','David'],变量a和变量b对该对象的引用仍保持不变,如图6-3所示。结果程序执行到第6行,就会打印变量b最新的值,即['Amy','Bob','Candy','David']。当第8行执行完毕,临时的形参变量b在变量名的内存空间中会被销毁,箭头②所表示的引用也会随之消失,而列表对象['Amy','Bob','Candy','David'],由于还存在变量a对其的引用而保留。再执行到第9行,就会打印变量a当前所引用的列表对象['Amy','Bob','Candy','David']。

例6-19 定义和调用greet_list_append()函数。

```
1    a=['Amy', 'Bob', 'Candy']
2    print(a)
3
```

```
4    def greet_list_append(b):
5        b.append("David")
6        print(b)
7
8    greet_list_append(a)
9    print(a)
```

执行以上代码,运行结果如下所示:

```
['Amy', 'Bob', 'Candy']
['Amy', 'Bob', 'Candy', 'David']
['Amy', 'Bob', 'Candy', 'David']
```

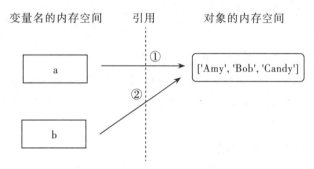

图 6-2　变量名引用可变对象示意图一

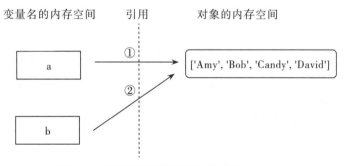

图 6-3　变量名引用可变对象示意图二

这就是在调用函数时传入不可变对象和可变对象的区别。我们在设计函数的时候,时常需要定义列表类型的形参变量或其他容器类形参变量。在调用函数时传入容器类对象是非常常见的。如果你遇到了类似的场景,请一定要清楚调用点内外的变量到底是怎么变化的。除了基本的容器类对象以外,所有的基本类型对象都是不可变对象。自定义类型对象的可变性根据具体定义而不同。

6. 动态类型参数

Python是一种动态类型的编程语言。也就是说,所有变量都是没有明确类型的。因此,在定义变量时,也不需要指明其类型。同一个变量可以引用任何类型的对象,都是语法正确的。在例6-20中,我们定义了一个变量a,并为其赋了整型值1。乍看之下,变量a应该是一个整数类型的变量。在第2行中,我们又修改了变量a的值为字符串值"Hello-world!"。这看起来好像变量a的类型被更改成了字符串类型。在第3行中,我们又修改了变量a的值为列表值['Amy','Bob','Candy']。依次执行这3条语句,并不会报任何错误,反而可以执行成功。最终,变量a的值为列表值['Amy','Bob','Candy']。在该示例中,变量a没有唯一确定的类型,它可以引用任何类型的值,变量的类型可以理解为随值的变化而变化。

例6-20 定义动态类型的变量。

```
1    a=1
2    a="Hello world!"
3    a=['Amy', 'Bob', 'Candy']
```

在调用函数时,在为形参传值的时候,我们原则上也可以为形参传递各种类型的实参表达式。通过这种方式,我们可以充分利用Python语言的动态类型特性,用尽量少的函数定义,支持更多类型的统一操作,从而实现多态。例6-21展示了add()函数的定义和调用。

例6-21 动态类型实现多态。

```
1    def add(a, b):
2        return a + b
3
4    print(add("Hello", "world! "))
5    print(str(add(1, 2)))
6    print(str(add([1], [2])))
```

执行以上代码,运行结果如下:

```
Hello world!
3
[1, 2]
```

在例6-21中,我们定义了add()函数,该函数的行为就是将形参变量通过"+"运算符进行相加并返回。"+"运算符对于不同类型的变量会有不同的操作。例如,对于字符串变量,"+"运算符会将表达式中左右操作数进行拼接。对于整数型变量,"+"运算符会对表达式中两个值进行算数加法运算。我们在第4行至第6行依次对add()函数调用了三次,并分别传入三种类型的变量,字符串型、整型和列表型。根据运行结果,我们可以发现,这三条调用语句都没有语法错误,都能执行成功。"+"运算符确实对字符串进行了拼接,也对整数变量进行了算法加法运算,另外也对列表进行了拼接操作。我们只定义了一个函数,就实现了三种对象类型(实际上不止三种)的加法运算。你可以定义比add()函数更加复杂但能支持多种类型操作的函数,函数体所实现的具体操作会根据你调用该函数时传入的实参的具体类型而有所不同。

6.1.4 递归函数

函数的一种非常有用的特性是递归调用。如果在一个函数中调用了该函数自身,我们则称这种函数为递归函数。如果我们调用了这种函数,当控制流达到该函数调用点时,控制流会进入该函数,执行该函数的函数体。此后,控制流又会达到该函数中调用该函数本身的调用点,然后再次调用该函数。以此反复,使得在该函数体内,该函数自身被多层嵌套地调用多次。例6-22展示了一个递归函数factorial()函数的定义。在该函数中,我们调用了factorial()函数。假设我们只会对该函数传入大于等于1的整数。当调用该函数并传入大于1的整数时,在执行该函数体代码时,控制流会转到第4行,那么就会再调用一次该函数,并传入新的实参表达式a-1。如果每次调用该函数所传入的实参表达式的值一直都大于1,那么就会重复调用factorial()函数,直到传入的值为1为止。

例6-22 factorial()函数。

```
1    def factorial(a):
2        product = a
3        if a > 1:
4            product = product * factorial(a-1)
5        return product
6
7    result = factorial(4)
8    print(result)
```

执行以上代码,运行结果如下:

```
24
```

图6-4展示了例6-22中第7行代码的执行控制流。当第一次调用factorial()函数时,传入的实参为整型值4,即图6-14中的箭头①。在第一次执行被调函数的函数体中,经过if判断,控制流会达到原函数体第3行,并再次调用factorial(),并以整型值3作为实参传入函数中,即图6-4中的箭头②。在此次函数体的执行过程中,控制流再次达到原函数体第3行,并再次调用factorial(),并传入整型值2,即图6-4中的箭头③。而后控制流又会达到原函数体第3行,再次调用factorial(),并传入整型值1,即图6-4中的箭头④。在本次调用中,图6-4中的灰色代码不会执行,直接执行到原函数体第5行,即直接返回变量product的值。返回后,控制流会回到调用点的下一条语句位置,即图6-4中箭头⑤。以此类推,最终控制流会依照图6-4中的箭头⑥、⑦、⑧回到最初调用点的下一条语句位置。

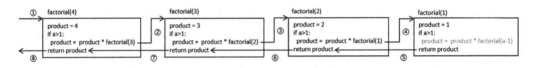

图6-4 调用factorial(4)的控制流

在该示例中,我们在最初调用factorial()函数的时候传入整型值4,使得该函数总共被调用了4次。如果给这个函数传入更大的整数,那么该函数的被调用次数将会更多。但只要你所设计的递归函数有合理的终止递归的判断和操作,那么它迟早会跳出重复调用的过程。

6.1.5 匿名函数

除了递归函数,还有另一种特殊的函数形式——**匿名函数**,即无需为其指定函数名的函数。匿名函数是函数式编程的产物,在我们所熟悉的(也正是我们目前正接触的)过程式编程和面向对象编程中并不常用。

匿名函数的基本语法格式:

```
lambda  arg1, arg2, ...: expression
```

其中,lambda作为定义匿名函数的关键字,arg1,arg2,...是匿名函数的参数列表,可以是任意个数的参数,用逗号隔开,也可以没有参数列表;lambda或参数列表之后就是冒号,之后再接expression,即匿名函数的表达式。匿名函数不需要显示使用return关键字返回值,表达式的值即为返回值。与定义普通函数有一点区别,即参数列表不需要用括号包裹。通过定义匿名函数,我们可以将一个表达式定义为一个函数。匿名函数主要有以下三点优势:

①无需为其指定函数名。

②定义之后即刻调用。

③语法结构简单。

例6-23 匿名函数示例。

```
1    result = (lambda a, b: a + b)(3, 5)
2    result = (lambda a, b: a + b * a - a/b + b*b)(val1, val2)
3    result = val1 + val2 * val1 - val1/val2 + val2 * val12
4    sum_func = lambda a, b: a + b
5    result = sum_func(3, 5)
```

匿名函数可以无需被指定函数名,其存在的本意就是,在定义的地方直接调用,且其生命在其本身执行结束之后即刻终止,如例6-23中第1行所展示的那样:"lambda a,b:a+b"已经是完整的匿名函数的定义,我们用圆括号将其包围,然后就可以像调用普通函数一样来调用它,而第2个圆括号内容(3,5),即为它传递实参。因此,第1行语句中:匿名函数在代码语句中被定义,并在同一行中被调用,最终表达式a+b被传入具体值后被执行,其结果值8赋给变量result。

我们也可以定义更加复杂的表达式,如例6-23中的第2行代码。在该行代码示例中,我们传入的两个实参表达式为两个变量val1和val2。那么在调用该匿名函数时,匿名函数中的表达式中的a和b就会被赋val1和val2的值。匿名函数的价值在该行代码示例中被充分体现:表达式中出现了3次变量a和4次变量b。如果我们不定义匿名函数而是直接写出表达式,如第3行所示,且原本的形参要用实际计算用到的val1和val2所取代。此处你如果发现变量用错了,打算更改代码,比如将变量val1改成val3,那么你需要修改3个地方。如果要修改val2,可就要修改4个地方。如果你一开始使用了匿名函数的语法,即第2行代码,那么你只需要修改参数列表中的一处地方即可。

第1行与第2行的语法显得过于紧凑,不便于阅读。更好的做法如第4、5行代码所示:为匿名函数定义一个名字,然后在其作用域内其定义语句之后的任何地方像调用普通函数一样来调用它。如此这般,匿名函数的定义和调用,就和普通函数的语法很接近了。尽管匿名函数可以不指定函数名,我们仍然可以通过给变量赋值的方式为它指定一个名字。

6.1.6 内置函数

在软件开发的行业里有一句广为流传的谚语,叫"不要重复造轮子"。这句话正肯定了函数的价值——一次定义,多次调用。当我们在编写程序时,如果知道有一段功能代码可能会在多个地方被重复使用,或者知道有一段功能代码,其功能与上下文环境相对独立,那么,我们就可以将其提取、封装,定义成一个独立的函数。有一些功能非常通用的、几乎在任何类型的程序中都会被使用的功能代码,已经被Python定义成函数,并包含在其解释器内。这类已经被Python预先定义的函数被称作**内置函数**。我们无法直接看到内置函数的定义,我们自己写的程序中也不会包含内置函数的定义。有一些内置函数的定义存在于解释器的代码实现中。但我们可以直接调用它们。表6-1展示了一些常用的内置函数及其含义。

表6-1 部分内置函数及其含义

函数	含义
help(request)	传入任何类型名或变量名,返回该类型或该变量对应的类型的帮助信息。
input(prompt)	将提示符打印到标准输出流中并从标准输入流中读取用户输入。
int(x=0)	接收一个数值类型或字符串类型的值。如果是数值,则通过截断只返回整数部分;如果是字符串,则将其解析为整数值。
len(s)	传入一个容器类型的值,返回该容器值中的元素的个数。
print(*object,...)	接收任何可打印的对象,将其输出到标准输出流中。
range(start,stop,step=1)	传入两个整数,返回从start到stop的列表。该函数主要用于for循环。
str(object="",...)	接收某一类型的值。如果该类型支持被转换成字符串类型,那么就将该值转换成字符串值并返回。

在表6-1中,有一些函数已经被我们普遍使用,例如print()函数。print()函数的功能远比我们所知道的更加强大,它的参数列表总共包含5个形参,并未在上表中全部列出。

表6-1中的函数只是内置函数的一部分。要想获取这些内置函数或其他内置函数的详细信息,最好的渠道是来自Python官网的文档,其URL如下:

https://docs.python.org/zh-cn/3/library/functions.html

6.2　项目实施

任务6-1　函数初探——实现custom_min()函数

扫码看微课

1. 任务描述

设计一个函数,能够实现两个数的比较,并将数值小的那个数返回。返回两数之间的最小值是多数程序中普遍都会用到的功能。因此将其设计为函数不失为一个精练的选择。通过本任务,让大家熟悉一下函数的基本语法。

2. 任务分析

该函数需要接收两个参数,要求这两个参数应当是同一类型的值,且可比较,即能够使用比较运算符。一个功能完备的函数应当具备类型检查和捕获异常的能力。在此,我们忽略这些能力,我们假设调用者能够妥善地传入正确的实参,不会引发错误。而我们只需要关心本函数的关键功能:接受两个参数,使用比较运算符比较两者,然后返回数值小的那一个。

首先,我们需要为该函数想一个函数名。也许"min"是最合适的名字。只不过min()函数已经被Python定义。因此我们需要重新考虑一个名字。在此,我们采用"custom_min"作为我们自己正要设计的这个函数的函数名。

3. 任务实现

例6-24　函数初探——实现custom_min()函数。

```
1    def custom_min(a, b):
2        if a<b:
3            return a
4        else:
5            return b
6
7    result = custom_min(12, 20)
8    print(str(result))
```

执行以上代码,运行结果:

12

在例6-24中,我们定义了custom_min()函数,其包含两个形参a和b。在函数体中,我们使用"<"运算符比较了a和b的大小。如果a值小于b,那么控制流会到达第3行,并返回a值;否则,控制流会到达第5行,并返回b值。无论如何,控制流都只会到达第3行与第5行的其中一行。并且只要执行到return语句,控制流随后就会跳出函数,并继续执行调用点之后的语句。在第7行中,调用了custom_min()函数,并传入实参值12和20。随后,控制流会进入custom_min()函数的函数体,并设置a和b的值分别为12和20。最终,函数会返回12,并赋给变量result。因此,result最后的值即为12。

任务6-2 递归函数的魅力——斐波那契数列

扫码看微课

1. 任务描述

斐波那契数列是由意大利数学家莱昂纳多·斐波那契为了解决兔子繁殖问题而提出的。斐波那契数列是这样一组数列:0、1、1、2、3、5、8、13、21、34、55、89、...。该数列的数值个数是无限的,其中除了第一个数与第二个数被初始定义为0和1之外,从第3个数开始,每个数都是它的前两个数之和,如第3个数是第1个数与第2个数之和,第4个数是第2个数与第3个数之和,依此类推。

现在,请你设计一个函数,其函数头代码如下所示。

def fibonacci(n)

该函数返回斐波那契数列中第n个数的值。假设传入该函数的值只会是大于等于1的整数。

2. 任务分析

由于从第3个数开始,每一个数的值都依赖于它前面的两个数的值。因此,为了计算fibonacci(n),首先就要计算fibonacci(n-1)和fibonacci(n-2)。而为了计算fibonacci(n-1),首先需要计算fibonacci(n-2)和fibonacci(n-3)。因此,该函数使用递归函数来实现,是最简单直接的方法。不过需要注意,递归函数的实现需要有明确的终止条件,即能够跳出递归函数的条件。在该任务中,只有第1个数和第2个数是不依赖前面的数的。因此需要判断传入n的值是否为1或2,并相应地直接返回数字0或1。

3. 任务实现

例6-25 递归函数——斐波那契数列。

```
1    def fibonacci(n):
2       if n == 1:
3          return 0
4       elif n == 2:
5          return 1
6       else:
7          return fibonacci(n-1) + fibonacci(n-2)
8    ret = fibonacci(20)
9    print(ret)
```

假设传入 n 的值只会是大于等于 1 的整数。在例 6-25 中的 fibonacci() 函数中,设计了一个三分支的判断。当 n 值为 1 时,则直接返回整型值 0;当 n 值为 2 时,则直接返回整型值 1;否则,即 n 为大于 2 的其他任意整数,则递归调用 fibonacci(n-1) 和 fibonacci(n-2),然后将返回值相加并返回。在第 8 行,调用 fibonacci() 函数并传入 20 时,第 9 行输出运行结果为:

```
4181
```

任务6-3 内置函数的使用——数字拼接

扫码看微课

1. 任务描述

定义一个函数,接收两个整数类型的数,该函数的功能是将两个整型数按参数顺序进行拼接,第一个参数占高位,第二个参数占低位,然后再将拼接后的数以整数类型返回。假设调用点传入的参数数值较小,不会使拼接得到的数超出整数类型的表示范围。

2. 任务分析

将两个数进行左右拼接,最简单的办法是,首先将整数类型的值转换为字符串类型的值,然后通过"+"运算符进行拼接。Python 提供了将整数类型的值转换成字符串类型的值的函数。该函数为 str(),它接收一个可以转换为字符串类型的任意类型值作为参数,然后将其转换成字符串类型的值之后再返回。另一方面，Python支持使用"+"运算符对字符串完成拼接的操作。最后，为了将结果以整数类型的值返回，我们还需将字符串类型转换回整数类型。

3. 任务实现

例6-26 内置函数的使用——数字拼接。

```
1    def digit_joint(a, b):
2        string_ret = str(a) + str(b)
3        return int(string_ret)
4    ret = digit_joint(3, 12)
5    print(ret)
```

在例6-26中，定义了一个digit_joint()函数。该函数包含两个形参a和b。在第2行，我们使用str()函数分别将a和b进行类型转换，得到a和b分别对应的字符串类型的值，然后使用加法运算符将这两个字符串值进行拼接，将拼接得到的最终的字符串值赋给string_ret变量。在代码第3行，我们调用int()函数再次将string_ret变量转换为整数类型，并将其返回。在第4行，调用digit_joint()函数，并传入两个整型数：3和12，第5行运行输出的结果为：

```
312
```

任务6-4 匿名函数实现custom_min()函数

扫码看微课

1. 任务描述

custom_min()函数的功能是比较两个数的数值大小并返回数值小的那个数。在例6-24的函数实现版本中，我们用了4行来实现这一功能。而Python语言所支持的三元表示式只需一行即可实现该功能。三元表示式的语法格式如下：

```
表达式1 if 条件表达式 else 表达式2
```

三元表达式的含义是，如果条件表达式的计算结果为真，则返回表达式1，否则返回表达式2。三元表达式就和其他表达式一样，可以作为一个赋值表达式的右部。因此，我

们可以将三元表达式的结果赋值给一个变量。例如,比较a和b的大小,用三元表达式如下:

result = a if a<b else b

这行的含义是,如果a<b,则将a的值赋给result变量,否则就将b的值赋给result变量。custom_min()函数的函数体正好可以被简化成只有一个表达式。如果一个函数的函数体只有一个表达式,那么该函数就可以被称为匿名函数。请读者使用三元表达式和匿名函数改写例6-24中的custom_min()函数。

2. 任务分析

custom_min()函数的三元表达式已经在上面给出。只需要正确编写匿名函数的语法即可。

3. 任务实现

例6-27 匿名函数实现custom_min()函数。

```
1    ret=(lambda a, b:a if a<b else b)(12, 20)
2    print(ret)
```

执行以上代码,运行结果为:

12

在例6-27中,我们用匿名函数替代了例6-24中的双分支结构,代码显得更加紧凑、精简,而其实现的功能和例6-24一模一样,即返回a和b中的最小值。

任务6-5　生成随机密码

扫码看微课

1. 任务描述

编写一个函数,用于生成指定长度的随机密码,密码由字母的大小写、数字、标点符号组成,密码的长度通过键盘输入指定。

2. 任务分析

使用Python中的random模块生成指定长度的随机密码。密码的组成符号需要通过string模块来生成,首先import string,再调用string里的各种符号,具体如表6-2所示。

表 6-2   string 模块的各种符号表示

方法	功能
string.ascii_letters	所有 ASCII 字母(包括大写和小写字母)的字符串。
string.ascii_lowercase	所有 ASCII 小写字母的字符串。
string.ascii_uppercase	所有 ASCII 大写字母的字符串。
string.digits	所有数字的字符串。
string.hexdigits	所有十六进制数字的字符串。
string.octdigits	所有八进制数字的字符串。
string.punctuation	所有 ASCII 标点字符的字符串。
string.capwords(s[,sep])	将字符串中所有单词的首字母大写,返回一个新的字符串。
string.Template(template)	创建一个基于字符串模板的新模板对象。

3. 任务实现

例 6-28 生成随机密码。

```
1    import random
2    import string
3
4    def generate_password(length):
5        letters = string.ascii_letters + string.digits + string.punctuation
6        password=" ".join(random.choice(letters) for i in range(length))
7        return password
8    num = int(input("请输入你要生成的密码长度:"))
9    ret = genetate_password(num)
10   print(ret)
```

例 6-28 中使用 Python 中的 random 模块生成指定长度的随机密码。使用 string 模块生成包含大写字母、小写字母、数字和标点符号的字符集,并使用 random.choice()从字符集中随机选择字符,重复 length 次,并使用 .join 将所有字符拼接成字符串。

任务6-6   账户登录验证判断

扫码看微课

1. 任务描述

函数实现用户登录功能,要求包含用户名、密码和验证码输入。具体要求如下:

(1)默认用户名为 admin,密码为 admin,程序运行时先随机产生验证码。

（2）要求用户输入用户名、密码和验证码，如果验证码错误，则不允许登录，提示"验证码错误"。

（3）如果验证码正确，则需要校验用户名和密码是否正确，如果正确则提示"登录成功"，否则提示"用户名或密码错误"。

2. 任务分析

设计一个login()函数，函数需要接受三个参数：用户名、密码和验证码。函数的基本流程如下：

获取用户输入的验证码，与系统预设的验证码进行比较。

如果验证码输入错误，提示"验证码错误"，结束登录流程。

如果验证码输入正确，则需要校验用户名和密码是否正确。

如果用户名和密码正确，提示"登录成功"。

如果用户名或密码错误，提示"用户名或密码错误"。

为了提高代码的可读性和可维护性，我们可以将验证码的生成和校验，以及用户名和密码的校验，分别封装成两个函数。

3. 任务实现

例6-29 账户登录验证判断。

```
1    import random
2
3    #系统预设的验证码
4    CODE = "".join([str(random.randint(0, 9))for _ in range(4)])
5
6    def generate_code():
7        """
8        生成验证码
9        """
10       return CODE
11
12   def validate_code(input_code):
13       """
14       校验验证码
15       """
```

145

```
16          return input_code == CODE
17
18   def validate_user(username, password):
19          """
20          校验用户名和密码
21          """
22          #实现具体的校验逻辑
23          return username == "admin" and password == "admin"
24
25   def login(username, password, code):
26          """
27          登录函数
28          """
29          #验证码校验
30          if not validate_code(code):
31               print("验证码错误")
32          #用户名和密码校验
33          elif not validate_user(username, password):
34               print("用户名或密码错误")
35          #登录成功
36          else:
37               print("登录成功")
38
39   if __name__=="__main__":
40          #获取验证码
41          code = generate_code()
42          print("验证码:", code)
43
44          #获取用户输入的用户名、密码和验证码
45          username = input("请输入用户名:")
46          password = input("请输入密码:")
47          input_code = input("请输入验证码:")
48
```

```
49      #登录
50      login(username, password, input_code)
```

执行以上代码,运行结果:

```
验证码:5187
请输入用户名:admin
请输入密码:admin
请输入验证码:5187
登录成功
```

例 6-29 代码解析:

(1)import random:导入了 Python 内置的 random 模块,用于生成随机数。

(2)CODE:作为系统预设的验证码,是一个由四位随机数字组成的字符串,通过调用 random.randint()方法生成。

(3)generate_code():生成验证码的函数,直接返回全局变量 CODE。

(4)validate_code(input_code):校验输入的验证码是否与预设的验证码 CODE 相符,返回比较结果。

(5)validate_user(username, password):校验输入的用户名和密码是否正确,这里只是示例代码,实际应用中需要实现具体的校验逻辑。

(6)login(username, password, code):登录函数,通过调用 validate_code()和 validate_user()函数,校验验证码和用户名、密码的正确性,如果验证通过则输出登录成功的提示信息。

(7)if__name__=="__main__"::Python 的特殊语法,用于判断当前模块是否作为独立运行的主程序,如果是则执行以下代码。这段代码中,首先调用 generate_code()函数生成验证码,并将其输出给用户。然后通过 input()函数获取用户输入的用户名、密码和验证码,并调用 login()函数进行登录验证。如果验证码和用户名、密码验证通过,则输出登录成功的提示信息。如果验证码或用户名、密码验证不通过,则输出相应的错误信息。

6.3　项目实训:进制转换

查看参考代码

1. 项目描述

digit_convert()是一个实现了十进制数向其他进制转换的函数,其函数头如例 6-29 所示。

例6-30 digit_convert 函数头。

def digit_convert(command, digit)

digit_convert 被定义为一个在程序内可交互的函数。也就是说,你可以为它传入一个参数,表示你希望它要做的操作。在这里,你可以让 digit_convert 函数做的操作包括:将十进制数转换为二进制数,将十进制数转换为八进制数,以及将十进制数转换为十六进制数。因此,它需要接收两个参数,一个表示该函数需要做的操作,另一个表示待转换的十进制数。在例6-30中,形参 command 表示的是你希望该函数要做的操作,其有效值及含义如表6-3所示。形参 digit 则表示待转换的十进制数。

表6-3 digit_convert 函数的形参 command 有效值及其含义

command 有效值	含 义
0	列出帮助信息,告诉用户 command 的各个有效值及其含义。
1	将传入的 digit 转换为二进制数,并以字符串类型值的形式返回。
2	将传入的 digit 转换为八进制数,并以字符串类型值的形式返回。
3	将传入的 digit 转换为十六进制数,并以字符串类型值的形式返回。

当 command 的值为0时,则函数会打印帮助信息,告诉用户 command 的各个有效值及其含义。其打印信息如下。

command 的有效值:

0 - 列出帮助信息,告诉用户 command 的各个有效值及其含义。

1 - 将传入的 digit 转换为二进制数,并以字符串类型值的形式返回。

2 - 将传入的 digit 转换为八进制数,并以字符串类型值的形式返回。

3 - 将传入的 digit 转换为十六进制数,并以字符串类型值的形式返回。

为 command 传入其他值都是无效的。不过我们暂时忽略错误检查。当 command 传入其他值时,该函数什么也不做。

2. 项目分析

为了实现 digit_convert()函数适当地进行三种操作,我们需要在该函数中使用 if 判断结构对 command 的值进行判断,并作出相应的操作。因此 digit_convert()函数的大致框架如例6-31所示。

例6-31 digit_convert()函数基本框架。

```
def digit_convert(command, digit):
    if command == 0:
    ...
    elif command == 1:
    ...
    elif command == 2:
    ...
    elif command == 3:
    ...
```

在例6-30中的省略号部分,都是我们待添加的具体操作的代码。实际上,Python提供了三个内置函数:bin()、oct()、hex(),分别实现了十进制数向二进制数、八进制数和十六进制数的转换。现在请你不使用这三个内置函数,由自己实现上述这四个操作的功能代码。如果你直接将功能代码填入到省略号位置,会显得digit_convert()函数太过冗长,不便于维护。最好的方法是,将每个操作对应的功能代码提取出来,分别定义成一个函数,然后再在digit_convert()函数中调用这些函数。

此外,当command参数被设置为0时,实际上并不会用到digit参数。因此对于调用者而言,当为command传入0时,并不打算为digit传入值。所以,我们可以给digit设置一个默认值,如设置默认值为0。不仅如此,我们也可以为command设置一个默认值。最恰当的默认值是0,表示当调用者不为digit_convert()函数传入任何实参时,则该函数打印帮助信息。

3. 做一做

请根据本章的知识点,补全上述代码,独立完成本实训。

6.4 思政讲堂:儒家学说的著作《论语》

《论语》是一本关于儒家学说的著作,由孔子的弟子记录了他的教诲和言行。它讲述了孔子对道德、教育、社会、政治等方面的思想和观点,是中国古代哲学思想的代表作之一。

《论语》蕴含着中国传统文化中重要的道德和价值观,如尊重父母、忠诚、正直、诚实、知足、宽容等。它还强调了教育的重要性,并提倡对知识和道德的不断探索和完善。如:

子曰:"学而时习之,不亦说乎?有朋自远方来,不亦乐乎?人不知而不愠,不亦君子乎?"。这段话强调了学习的重要性,以及如何成为一个君子。它提醒人们要不断学习,并与朋友分享快乐。

子曰:"巧言令色,鲜矣仁!"。这段话强调了真诚和诚实的重要性。它告诫人们不要只靠巧妙的言语和外表来获得他人的尊重,而要通过行动来展示自己的仁慈和诚实。

子曰:"君子不重,则不威。学则不困。"这段话强调了自律和学习的重要性。它告诫人们要不断学习,并保持自律,以便在生活和工作中取得成功。

因此,学习《论语》不仅可以帮助学生了解中国传统文化,还可以增强学生的道德修养和人生观,为他们的成长和发展提供基础和指导。

6.5 项目小结

本章主要介绍了 Python 函数的基础知识,包括函数的定义与调用、函数的参数与返回值、递归函数、匿名函数和内置函数的相关内容。首先介绍了函数的基本概念及其作用,然后介绍了函数定义与调用的基本语法,介绍了函数的返回值的语法以及函数参数的语法,介绍了两个特殊的函数语法,分别为递归函数与匿名函数,最后简要介绍了 Python 中的内置函数。以 custom_min()函数、斐波那契数列等任务讲解了函数的定义、调用以及其在具体应用中的使用方法和作用。

6.6 练习题

一、单选题

1. 自定义函数的定义需要使用(   )关键字。

   A. func   B. def   C. function   D. define

2. 匿名函数的定义需要使用(   )关键字。

   A. function   B. anonymous   C. lambda   D. routine

3. 关于形参和实参的描述,以下说法正确的是(   )。

   A. 在定义函数的函数头语法中的参数列表包含的参数被称作实参

   B. 在函数调用表达式中的参数列表包含的参数被称作形参

   C. 实参可以是任意表达式或常量值

   D. 在调用函数中必须要给函数的每一个形参传值

4. 递归函数调用(   )的函数。

   A. 自身   B. 内置函数   C. 匿名函数   D. 其他函数

5. 以下说法正确的是(   )。

   A. 一个函数只能被调用一次   B. 函数可以嵌套调用

C. 函数必须带参数　　　　　　　　D. 函数必须命名

6. 当函数的参数列表中包含多个参数时,各个参数之间用(　　)分隔。

A. 空格　　　　　　B. 分号　　　　　　C. 冒号　　　　　　D. 逗号

7. 在函数中,使用(　　)关键字结束函数,也可选择性地返回一个值到调用点。

A. return　　　　　　B. break　　　　　　C. pass　　　　　　D. defer

二、判断题

1. 不带 return 的函数表示返回 None。　　　　　　　　　　　　　　　(　　)

2. 定义函数时,我们可以为函数任意取名。　　　　　　　　　　　　　(　　)

3. 带有默认值的形参一定位于形参列表的末尾。　　　　　　　　　　　(　　)

4. 匿名函数可以通过赋值给变量的方式来命名。　　　　　　　　　　　(　　)

5. 如果自定义函数的功能与 Python 内置函数的功能一模一样,我们最好不要自定义该函数,而使用内置函数。　　　　　　　　　　　　　　　　　　　　(　　)

6. 使用函数一个原因是减少代码重复编写。　　　　　　　　　　　　　(　　)

7. 如果一个函数的函数体代码过长,我们最好将其拆分后定义成多个函数。　(　　)

三、简答题

1. 函数的作用是什么?

2. 简述形参与实参的区别。

四、填空题

1. 以下程序中,result 的值是_____:

```python
def func(n):
    if n == 1:
        return 1
    elif n == 2:
        return 2
    else:
        return func(n-1) + 3 * func(n-1)

result = func(10)
```

2. 以下程序中,result 的值是_____:

```python
result=(lambda a, b: a + b * a - a/b + b*b)(10, 2)
```

五、编程题

1. 线性整流函数 y=f(x)是人工神经网络中常用的激活函数。当 x>=0 时，y=x；当 x<0，y=0。请定义一个函数，实现线性整流函数的计算逻辑。要求函数接收自变量 x 为参数，返回 y 的值。

2. 自定义一个 max 函数，函数名自拟，要求能接收任意数量的整型值，并从中找到最大值并返回。

3. 二分查找是一种非常常见的查找算法。请通过网络和课外资料查找并学习二分查找的算法原理与思想。定义一个函数，实现二分查找。该函数接收一个任意长度的有序数值列表和一个目标数，其中的元素为依次从小到大排列的整数，如[1,3,7,18,30,56]。要求该函数能够通过二分查找找到指定的目标数在列表中的索引。若未找到，则返回 None。

4. Python 中含有三个内置函数：bin()、oct()、hex()，分别实现了十进制数向二进制数、八进制数和十六进制数的转换。请查阅文档，了解这三个内置函数的用法，然后改写项目实训的代码，使用内置函数来实现十进制向二进制数、八进制数和十六进制数的转换。

项目 7　面向对象编程

> **项目导入**：传统的程序设计以过程和功能为导向，主张将程序看作一系列函数的集合。而面向对象编程则是以对象作为整个问题分析的中心，将程序看作一组独立而又互相调用的对象集合，这种思想更为灵活、可扩展性更好。目前面向对象编程思想在各种大型项目设计中广为应用。Python作为一门面向对象的语言，完全支持面向对象编程。

职业能力目标与要求：

⇨ 理解面向对象编程思想	⇨ 理解类和对象的概念
⇨ 掌握类的基本使用方法	⇨ 掌握类的属性、方法和特殊方法
⇨ 掌握面向对象的三大特性	⇨ 熟练使用面向对象编程解决实际问题

课程思政目标与案例：

⇨ 软件开发者要具备匠心独运，追求卓越，对技术和创新的追求。	⇨ 数字时代的艺术家与工匠：现代软件开发者的匠心精神

7.1　知识准备

7.1.1　面向对象的基本概念

面向对象程序编程（Object Oriented Programming，OOP）是一种软件设计思想，同时也是一种程序开发方法。OOP采用"自下而上"的程序设计方法，先从局部开始逐步扩展到整体。它的出现使得复杂的业务逻辑简单化，增强了代码的复用性，使得程序设计更为灵活，并且扩展性得到了进一步提升。因此，它在各类大型项目设计中应用广泛。

面向对象程序编程以对象作为划分程序的基本单元，将数据和方法封装成一个相互依存、不可分离的对象。每个对象都是独立的，都有自己的特点和状态。对象与对象之间可以通过发送消息进行通信，共同实现应用程序的各项功能。

面向对象程序编程的基本思想是"一切皆对象"。它将客观世界的事物抽象成对象，将现实世界中的关系抽象成类。从更高的层次实现对现实世界的抽象和建模，使得软件的分析、设计与编程方法更贴近人类的思维模式，有效提高编程的效率。

1．对象

对象是用来描述客观事物的一个概念。所谓"万物皆对象"，人们每天都在接触各种各样的对象，从最简单的数字到真实存在的人等均可看作对象。

那么我们如何描述对象呢？通常将对象分为两个部分：属性和行为（也称方法）。属性部分指的是对象所包含的内容或具有的特征，例如人的姓名、身份证、身高等属性。行为（方法）部分指的是对象上所执行的操作，主要用于操作对象，例如人的学习、工作、奔跑等行为。以苹果和橘子为例，一个苹果和一个橘子分别是一个对象，它们都有自己的属性，例如名称、颜色、味道等，也都有自己的行为，例如开花、膨大、成熟、落果等，如图7-1所示。

图7-1　苹果和橘子的对象实例

2．类

类是对某一类事物的共性描述，即具有相同或相似属性和行为的一类实体被称为类。以苹果和橘子为例，将苹果和橘子这两个对象所具有的相同属性和行为抽象成水果类，如图7-2所示。反过来说，水果类具有苹果和橘子的共同属性和行为。因此，我们可以得出结论：类是对象的抽象，而对象是类的实例。

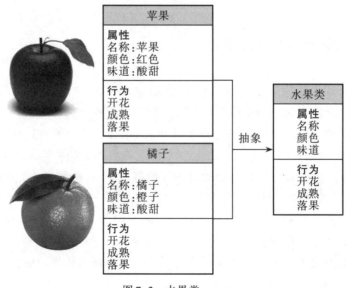

图7-2　水果类

7.1.2　类的定义

在 Python 语言中,使用 class 关键字来创建一个类。其基本语法如下:

```
class 类名:
    属性(成员变量)
    方法(成员方法)
```

从上面类的语法来看,类定义以冒号:作为类体的开始,以统一缩进的部分作为类体,类体中包含属性和方法。其参数说明如下。

★类名:必须符合 Python 标识符命名规则,但为了增加程序的可读性,一般情况下命名最好能代表该类的功能,通常由一个或者多个单词组成,并且首字母大写,这种命名方法也称为"驼峰命名法",如 class Person、class ChinaPerson。

★属性:包含在类体中的变量,用于描述事物的特征。

★方法:包含在类体中的函数,用于描述事物的行为。

> 注意在 Python 类的定义中,无论是属性还是方法,都不是必须存在的。还有,类中属性和方法所在的位置是任意的,并没有固定的先后顺序。

下面通过一个完整案例来学习如何定义一个类。

例 7-1　定义一个水果类。

```
1    class Fruit:
2        #属性
3        color= "红色"
4        #方法
5        def flower(self):
6            print("开花")
7        def ripe(self):
8            print('成熟')
```

例 7-1 定义了一个名为 Fruit 的类,该类中包含了一个属性 color 和两个方法 flower()和 ripe()。从示例中可以看出,flower()和 ripe()方法中包含了 self 参数,self 代表着对象本身,它的具体作用会在后面的章节中详细介绍。

当然,我们还可以创建一个没有任何属性和方法的类,换句话说,Python允许创建空类,但需要使用pass关键字作为占位符,否则程序会报错,代码如下。

```
class  Empty:
    pass
```

需要说明的是,在实际项目中,我们通常不会创建空类,因为空类没有实际意义。

7.1.3 创建实例对象

通过上一节的课程学习,我们学会了如何定义一个类,但程序要想实现具体的功能,还需要对类进行实例化,将类实例化成为一个个具体对象。在Python语言中,实例化对象的语法如下。

```
对象名 = 类名()
```

例7-2 创建Fruit水果类的实例对象。

```
1    class  Fruit:
2        #属性
3        color  =  "红色"
4        def  flower(self):
5            print("开花")
6        def  ripe(self):
7            print("成熟")
8    fruit = Fruit()        #创建实例对象
```

在上面的示例代码中,第8行创建了一个实例对象,对象名为fruit。接下来就可以通过fruit对象来操作Fruit类中属性和方法了。

1. 访问属性

对象访问类中属性的语法格式如下。

```
对象名.属性名
```

例 7-3 通过 fruit 对象操作类中的属性。

```
1    fruit = Fruit()              #创建实例对象
2    print(fruit.color)           #调用 color 属性
3    fruit.color = "橙色"          #给 color 属性赋值为"橙色"
4    print(fruit.color)
```

执行上面的程序代码,运行结果如下。

```
红色
橙色
```

在例 7-3 示例中,Fruit 类的代码已在例 7-2 中编写,此处不再赘述。第 1 行创建了 Fruit 类的对象 fruit,通过 fruit 对象访问 color 属性并打印输出其默认属性值,然后动态地给 color 赋值为橙色并打印输出属性值。

2. 访问方法

对象访问类中方法的语法格式如下。

```
对象名.方法名
```

例 7-4 通过 fruit 对象操作类中的方法。

```
1    fruit = Fruit()              #创建实例对象
2    print(fruit.flower())        #调用 flower 方法
3    print(fruit.ripe())          #调用 ripe 方法
```

执行上面的程序代码,运行结果如下。

```
开花
成熟
```

7.1.4 __init__()构造方法

Python在类的定义时提供了一个特殊的方法,即__init__方法(以双下划线"_"开头和双下划线"_"结尾),这个方法被称为构造方法。构造方法主要用于初始化对象,通过调用构造方法返回该类的对象。

构造方法可以有多个参数,但第一个参数必须为self。也就是说,构造方法最少要有一个self参数,其余参数可选。下面通过两个案例来学习如何添加无参和有参构造方法。

例7-5 定义Fruit类,并创建无参构造方法。

```
1    class  Fruit:
2        #无参构造方法
3        def  __init__(self):
4            print("这是无参构造方法")
5        #属性
6        color  =  "红色"
7        def  flower(self):
8            print("开花")
9        def  ripe(self):
10           print("成熟")
11   fruit  =  Fruit()          #创建fruit对象
```

执行上面的程序代码,运行结果如下。

```
这是无参构造方法
```

上面的示例代码中,创建完fruit对象后,程序隐式调用了第3行手动创建的__init__()构造方法,从而输出"这是无参构造方法"结果信息。

> 注意在Python类的定义中,即使不手动创建__init__()构造方法,Python也会自动为类添加一个无参的构造方法。

例7-6 定义Fruit类,并创建包含两个参数的构造方法。

```
1    class  Fruit:
```

```
2        #有参构造方法
3        def __init__(self, name, color):
4            self.name = name
5            self.color = color
6        def flower(self):
7            print(f"{self.color}的{self.name}开花了")
8        def ripe(self):
9            print(f"{self.color}的{self.name}成熟了")
10   fruit1 = Fruit("苹果", "红色")        #创建fruit1对象
11   print(fruit1.flower())                #调用flower方法
12   print(fruit1.ripe())                  #调用ripe方法
13   fruit2 = Fruit("橘子", "橙色")        #创建fruit2对象
14   print(fruit2.flower())
15   print(fruit2.ripe())
```

执行上面的程序代码,运行结果如下。

```
红色的苹果开花了
红色的苹果成熟了
橙色的橘子开花了
橙色的橘子成熟了
```

例7-6示例代码中,为__init__()构造方法自定义了两个参数,分别是name和color,参数与参数之间使用逗号","分隔。第11行程序创建Fruit类的对象fruit1,并为属性name和color分别赋值"苹果"和"红色",然后通过fruit1对象访问flower()和ripe()方法。同样,第14行程序创建了Fruit类的另一个对象fruit2,并为属性name和color分别赋值"橘子"和"橙色"。

注意上面示例中,构造方法中虽然有self、name和color三个参数,但实际需要传参的仅有name和color,self是无须传递参数。

7.1.5 self 参数

从前面的例子中可以看到,Python 在定义类时,无论是构造方法还是实例方法,self 总是作为第一个参数出现。self 参数表示对象自身,当某个对象调用方法时,该对象会把自身的引用作为第一个参数自动传给该方法,从而保证该对象只能调用自己的变量和方法。换句话说,Python 解释器就是通过 self 来区分不同对象,从而避免对象与对象之间混淆。

下面通过一个具体示例来帮助读者理解 self 的作用。

例 7-7 self 参数应用示例。

```
1    class Fruit:
2        #构造方法
3        def __init__(self):
4            print("正在访问构造方法")
5        def flower(self):
6            print(self, "开花了")
7    fruit1 = Fruit()              #创建 fruit1 对象
8    print(fruit1.flower())
9    fruit2 = Fruit()              #创建 fruit2 对象
10   print(fruit2.flower())
```

执行上面的程序代码,运行结果如下。

```
正在访问构造方法
<__main__.Fruitobjectat0x000001BD65974A60>开花了
正在访问构造方法
<__main__.Fruitobjectat0x000001BD65A613D0>开花了
```

例 7-7 示例代码中,第 7 行和第 9 行分别创建了 Fruit 类的对象 fruit1 和 fruit2,当 fruit1 调用 flower()方法时,默认会把 fruit1 对象作为参数传给 self,此时 self 就代表着 fruit1 对象。同理,当 fruit2 调用 flower()方法时,默认会把 fruit2 对象作为参数传给 self,此时 self 就代表着 fruit2 对象。

注意无论是构造方法还是实例方法,第一个参数的默认命名为self,但其他参数名也是合法的。self只是约定俗成的习惯,Python语言并没有做强制规定。

7.1.6　类属性和实例属性

从7.1.2章节我们可以知道,属性其实就是在类体中定义的变量,类体中的变量根据定义的位置不同,又分为两种类型,一种是类变量(也叫类属性),另一种是实例变量(也叫实例属性)。类属性是指在类体中且所有的方法之外的范围定义的变量。实例属性是指在类体中且所有方法内部以“self.变量名”的方式定义的变量。类属性和实例属性究竟是如何定义与调用呢? 下面我们分别做详细的介绍。

1. 类属性

类属性是指在类体中且所有的方法之外的范围定义的变量,也叫类变量。类变量的特点是被所有类的对象共享。类变量的调用方式分为两种,一种是通过类名直接调用,另一种是通过对象名调用。

例7-8　定义Fruit类,类中包含类属性,并通过类名和对象名调用。

```
1    class Fruit:
2        #定义一个类属性
3        name = "苹果"
4        def flower(self):
5            print("开花了")
6    print("方式一:使用类名直接调用")
7    print(Fruit.name)
8    #修改类变量的值
9    Fruit.name = "橘子"
10   print("修改后类变量的值:")
11   print(Fruit.name)
12   print("方式二:使用对象名调用")
13   ft = Fruit()              #创建ft对象
14   print(ft.name)
15   ft.name = "香蕉"
16   print("修改后类变量的值:")
17   print(Fruit.name)
```

执行上面的程序代码,运行结果如下。

```
方式一:使用类名直接调用
苹果
修改后类变量的值:
橘子
方式二:使用对象名调用
橘子
修改后类变量的值:
橘子
```

在上述代码中,定义了一个名为name的类属性。在第7行通过类名的方式调用了类属性name,第9行修改了类变量name的值,赋值为"橘子"。第14行使用了另一种方式,对象名的方式调用了类属性name,由于类变量为所有实例化对象共有,第9行的修改结果会影响到fruit对象,因此第14行的结果输出为"橘子",第15行通过类对象给类变量name赋值为"香蕉",但第17行类变量的输出结果仍然是"橘子",这是由于通过类对象对类变量赋值,是不能修改类变量的值,而是在定义新的实例变量。

2. 实例属性

实例属性是指在类体中所有的方法内部以"self.变量名"的方式定义的变量,也叫实例变量。实例属性的特点是只作用于调用方法的对象。实例变量只能通过对象名访问,不能通过类名的方式访问。

例7-9 定义Fruit类,类中包含类属性,并通过类名和对象名调用。

```
1    class Fruit:
2        def __init__(self, name, color):
3            self.name = name        #实例变量
4            self.color = color       #实例变量
5        def flower(self):
6            self.taste = "酸甜"       #实例变量
7    fruit = Fruit("香蕉", "黄色")
8    print(fruit.name)
9    print(fruit.color)
10   #需要先调用flower()方法,才能访问taste实例变量
```

```
11    fruit.flower()
12    print(fruit.taste)
```

执行上面的程序代码,运行结果如下。

```
香蕉
黄色
酸甜
```

在上述代码中,name、color 以及 flower()方法内的 taste 都是实例变量。第 7 行创建了 fruit 实例对象并传入初始值,第 8、9 行通过 fruit 对象访问 name 和 color 实例变量。第 12 行 fruit 对象访问 flower()方法中的 taste 实例变量时,首先需要调用 flower()方法(第 11 行),否则程序就会报错。

7.1.7　类方法和静态方法

在 Python 中,与类的属性一样,类的方法也可以继续划分,具体可以分为实例方法、类方法、静态方法。实例方法指的是类中定义的普通方法,由类对象直接调用,该方法的第一个参数为 self,构造方法也属于实例方法。关于实例方法的定义与使用,前面章节中我们已经作过详细介绍,这里就不再赘述。下面重点介绍一下类方法和静态方法。

1. 类方法

类方法与实例方法类似,也是在类体中定义,但需要使用标识符@classmethod 进行修饰,定义类方法的语法格式如下。

```
class 类名:
    @classmethod
    def 类方法名(cls):
        方法体
```

在上述语法格式中,类方法的 cls 参数表示类本身,Python 会自动将类本身与 cls 绑定,与实例方法中的 self 参数一样,调用时无须显式地为 cls 传参。类方法的调用方式可以使用类名直接调用,也可以使用实例对象调用。

例7-10 类方法的定义与使用。

```
1    class  Fruit:
2        def __init__(self, name):    #实例方法
3            self.name = name         #实例变量
4        @classmethod
5        def  flower(self):           #类方法
6            print("这是类方法")
7    #类名直接调用类方法
8    Fruit.flower()
9    #类对象调用类方法
10   fruit = Fruit("香蕉")
11   fruit.flower()
```

执行上面的程序代码,运行结果如下。

```
这是类方法
这是类方法
```

在上述代码中,定义了一个类方法flower(),第8行和第11行分别使用类名调用类方法和对象名调用类方法。

> 注意定义类方法时,如果没有使用标识符@classmethod修饰,该方法会退化为实例方法,而不是类方法。

2. 静态方法

静态方法与其他方法不同,没有实例方法的self参数,没有类方法的cls参数,但需要使用标识符@staticmethod进行修饰,定义静态方法的语法格式如下。

```
class 类名:
    @staticmethod
    def 静态方法名():
        方法体
```

在上述语法格式中,静态方法没有包含任何参数,Python不会做任何类和对象的绑定操作,因此静态方法是无法调用类中任何属性和方法。静态方法的调用方式可以使用类名直接调用,也可以使用实例对象调用。

例7-11 静态方法的定义与使用。

```
1    class Fruit:
2        def __init__(self, name):        #实例方法
3            self.name = name             #实例变量
4        @staticmethod
5        def flower():                    #静态方法
6            print("这是静态方法")
7    #类名直接调用静态方法
8    Fruit.flower()
9    #类对象调用静态方法
10   fruit = Fruit("香蕉")
11   fruit.flower()
```

执行上面的程序代码,运行结果如下。

```
这是静态方法
这是静态方法
```

在上述代码中,定义了一个静态类方法flower(),第8行和第11行分别使用类名调用静态方法和对象名调用静态方法。

7.1.8 面向对象的三大特性

面向对象程序设计主要具备封装、继承、多态三大特征。下面将对这三大特征进行简单介绍。

1. 封装

封装指的是隐藏对象的属性和实现细节,避免外部直接访问,只能通过对象提供的公共接口的方式去完成访问。通过封装,避免了外部对类内部数据的直接篡改,保证了类内部数据结构的完整性,提高了数据的安全性,也提高了程序的可维护性。例如,用户

使用数码相机拍照时,只需要轻轻按下快门即可,无须知道数码相机内部的组件和工作细节,因为这些数码相机在出厂时已经由制造者完成封装了。

2. 继承

继承用于描述类与类之间的所属关系。一个已有类派生出若干个新类(就像一个父亲可以生若干名子女),派生出来的类称为子类,已有类则称为父类,子类能继承父类的属性和行为,还可以定义自己的属性和行为。

继承机制可以在无须编写原有类的情况下,对原有类的功能进行扩展。例如,水果类中描述了所有水果的公共属性和行为,苹果、橘子和香蕉都属于水果类,因此可以描述苹果、橘子和香蕉均继承水果类,同时也继承了水果类中的属性和行为,但还可以具有自身水果的特性,如橘子不仅具有水果的共性还具有只能生长在南方的特性等,如图7-3所示。

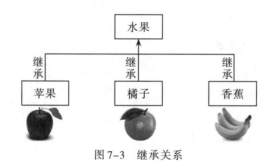

图7-3　继承关系

3. 多态

多态是继封装、继承之后,面向对象程序设计的第三大特性。从字面意思理解,多态是指一类事物具有多种状态。在Python程序中,多态指的是同一个方法在不同派生类对象中具有不同的表现和行为。例如,动物类中包含了一个通用walk方法,但不同派生类的walk方式不同,如鸡是两条腿行走、狗是四条腿行走、蜘蛛是八条腿行走,不同的对象,所表现的行为是不一样的,如图7-4所示。

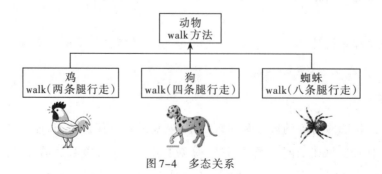

图7-4　多态关系

7.1.9　类的封装

1. 封装的实现

封装是通过对属性私有化和对方法私有化来实现的。不同于其他面向对象编程语言,Python是弱类型语言,没有提供类似公有的(public)标识符或者私有的(private)标识符。为了实现封装,在属性和方法名称前使用双下划线"__"标识,此时属性和方法变为私有属性和私有方法。类的私有属性和私有方法,以常规的访问属性和方法的方式是无法对其访问,也无法对其进行修改。实际上,还是可以通过"_类名__属性名"和"_类名__方法名"的形式去访问。

例7-12 封装的使用示例。

```
1    class Person:
2        __name = "张三"            #定义私有属性__name
3        def __init__(self, age):
4            self.__age = age        #定义私有属性__age
5        # 定义私有方法
6        def __getInfo(self):
7            print("姓名:{},年龄:{}".format(self.__name, self.__age))
8    person = Person(18)
9    print(person._Person__name)     #访问私有属性__name
10   print(person._Person__age)      #访问私有属性__name
11   person._Person__getInfo()       #访问私有方法__getInfo
```

执行上面的程序代码,运行结果如下。

```
张三
18
姓名:张三,年龄:18
```

例7-12中,定义了两个私有属性__name、__age,以及一个私有方法__getInfo(),然后通过_类名__属性名和_类名__方法形式访问。如果对私有属性和私有方法使用普通属性和方法的方式访问,程序就会报错。例如,运行以下代码。

```
print(person.name)
```

错误信息如下。

```
Traceback (most recent call last):
   File "D:\PycharmProjects\pythonProject\例7-12.py", line 13, in <module>
      print(person.name)
AttributeError: 'Person' object has no attribute 'name'
```

2. 私有属性和私有方法的访问及修改

类中的属性和方法私有化之后,虽然可以通过"_类名__属性名"和"_类名__方法名"的形式去访问,但是这样有违编程规范,所以一般不推荐此方法。那么,如何去访问及修改私有属性和私有方法呢? Python提供了两种方法,一种是自定义访问接口,即公共方法;另一种是@property标识符。下面将具体介绍这两种方法。

(1)自定义访问接口(公共方法)

自定义一些公共方法实现对私有属性和私有方法的访问和修改。

例7-13 通过自定义接口实现私有属性和私有方法的访问和修改。

```
1    class Person:
2        __name = "张三"              #定义私有属性__name
3        def __init__(self, age):
4            self.__age = age          #定义私有属性__age
5        def __getInfo(self):          #定义私有方法__getInfo
6            print("姓名:{}, 年龄:{}".format(self.__name, self.__age))
7        def get_info(self):           #定义访问私有方法的接口get_info
8            self.__getInfo()
9        def set_name(self, name):     #定义修改私有属性的接口set_name
10           self.__name = name
11       def get_name(self):           #定义访问私有属性的接口get_name
12           return self.__name
13       def get_age(self):            #定义访问私有属性的接口get_age
14           return self.__age
15       def set_age(self, age):       #定义修改私有属性的接口set_age
```

```
16          self.__age = age
17   person = Person(18)
18   person.get_info()          #通过自定义接口访问私有方法
19   person.set_name('李四')      #通过自定义接口修改私有属性
20   print(person.get_name())   #通过自定义接口访问私有属性
21   person.set_age(30)
22   print(person.get_age())
```

执行上面的程序代码,运行结果如下。

```
姓名:张三,年龄:18
李四
30
```

例7-13中,第7行自定义了公共方法get_info(),来实现对私有方法getInfo()的访问。第9行自定义了公共方法set_name(),来实现对私有属性__name的修改。第11行自定了公共方法get_name(),来实现对私有属性__name的访问。同理,对私有属性__age的访问及修改,分别定义了公共方法get_age()和set_age()来实现。第17-22行中,实例化对象person,并使用"对象名.类名"和"对象名.方法名"的方式对属性和方法进行访问及修改。

（2）@property

@property是Python内置的装饰器,其作用是将方法转换为属性调用。@property装饰器会将类中方法转换为相同名称的只读属性,这样可以防止属性被修改。

例7-14 @property装饰器的使用。

```
1   class Person:
2     def __init__(self, name, age):
3         self.__name = name     #定义属性__name
4         self.__age = age       #定义属性__age
5     @property
6     def name(self):            #使用@property将方法name变为只读属性
7         return self.__name
8     @property
9     def age(self):             #使用@property将方法age变为只读属性
```

```
10          return self.__age
11   person = Person("张三", 18)
12   #用调用属性的形式来调用方法
13   print(person.name)
14   print(person.age)
```

执行上面的程序代码,运行结果如下。

```
张三
18
```

例7-14中,定义了两个私有属性分别为__name和__age以及两个用于访问私有属性的成员方法name()和age()。第6行和第9行分别使用@property装饰器将name()方法和age()转换为相同名称的只读属性。第11~14行中,首先实例化对象,并使用"对象名.方法名"的方式对属性进行访问。此外,经过装饰器@property修饰过的方法会变为只读属性,无法对其进行修改。例如,运行以下代码。

```
person.name="李四"
```

错误信息如下。

```
Traceback (most recent call last):
   File "D:\PycharmProjects\pythonProject\例7-14.py", line 15, in <module>
      person.name="李四"
AttributeError: can't set attribute
```

上述错误可知,@property装饰器会将一个方法变成只读属性,因此无法通过赋值的方式修改属性值。此时,可以通过@属性名.setter的方式来实现修改属性,其中属性名必须与@property修饰的方法名相同。

例7-15 使用@property装饰器实现修改属性。

```
1   class Person:
2       def __init__(self, name, age):
```

```
3          self.__name = name        #定义私有属性__name
4          self.__age = age          #定义私有属性__age
5      @property
6      def name(self):               #使用@property将方法name变为只读属性
7          eturn self.__name
8      @name.setter                  #实现修改属性,@属性名.setter
9      def name(self,name):
10         self.__name = name
11     @property
12     def age(self):                #使用@property将方法age变为只读属性
13         return self.__age
14     @age.setter                   #实现修改属性
15     def age(self,age):
16         self.__age = age
17 person = Person("张三", 18)
18 #用调用属性的形式来调用方法
19 print(person.name)
20 print(person.age)
21 print("修改后属性值:")
22 person.name = "李四"
23 person.age = 20
24 print(person.name)
25 print(person.age)
```

执行上面的程序代码,运行结果如下。

```
张三
18
修改后属性值:
李四
20
```

例7-15中,通过@property装饰器分别添加了一个name属性和age属性,然后在第8行使用@name.setter装饰同名的name()方法,完成赋值的功能。特别注意,当前name()方

171

法中的第二个参数name是用来接收用户传递过来的值。同理,在第14行使用@age.setter装饰同名的age()方法,完成赋值的功能。

7.1.10　类的继承

1. 继承的实现

继承是指在一个已有类的基础上派生出若干个新类,派生出来的新类称为派生类或子类,已有类则称为基类或父类,子类自动继承父类的属性和行为,还可以定义自己的属性和行为。通过继承机制,使得无须重新编写已有类的情况下,可以对已有类的功能进行扩展。继承的语法格式如下。

> class 子类(父类1, 父类2, 父类3, ……):
>   属性
>   方法

上述语法格式中,父类要定义到子类后面的括号内,可以有多个,类名与类名之间使用","隔开。如果类没有显式地指定所继承的父类,则默认继承object类(object类是Python中所有类的父类)。

当子类只继承一个父类时,即子类参数列表中只有一个参数时,则称为单继承。

例7-16 单继承的使用示例。

```
1    class Fruit:
2        def __init__(self, name):    #构造方法
3            self.name = name           #变量
4        def flower(self):              #方法
5            print("{}开花了!".format(self.name))
6    class Orange(Fruit):               #Orange类继承Fruit类
7        def ripe(self):                #成员方法
8            print("橘子熟了! ")
9    orange = Orange("橘子")            #创建Orange类实例对象
10   print(orange.name)                 #访问父类Fruit中属性
11   orange.flower()                    #访问父类Fruit中方法
12   orange.ripe()                      #访问Orange类方法
```

执行上面的程序代码,运行结果如下。

> 橘子
> 橘子开花了!
> 橘子熟了!

在例7-16中,Orange类中并没有name属性和flower()方法,这些属性和方法均来自Fruit类中,Orange类继承了Fruit类,因此自动继承了Fruit类中所有的属性和方法,从而可以随意使用。Orange类中还定义了新的方法ripe()。第9-12中,创建了Fruit类的实例对象,并访问了父类的属性和方法以及子类中新定义的方法。

当子类继承多个父类时,即子类参数列表中有多个参数时,则称为多继承。

例7-17 多继承的使用示例。

```
1    class Fruit:
2        def __init__(self, name):
3            self.name = name
4        def fruit_info(self):
5            print("{}属于水果!".format(self.name))
6    class Vegetable:
7        def __init__(self, name):
8            self.name = name
9        def vg_info(self):
10           print("{}属于蔬菜!".format(self.name))
11   class Tomato(Fruit, Vegetable):        #Tomato类继承Fruit类和Vegetable类
12       pass
13   tomato=Tomato('番茄')                   #创建Tomato类实例对象
14   tomato.fruit_info()                    #访问父类Fruit中的方法
15   tomato.vg_info()                       #访问父类Vegetable中的方法
```

执行上面的程序代码,运行结果如下。

> 番茄属于水果!
> 番茄属于蔬菜!

在例 7-17 中,Tomato 类实现了多继承,既继承了 Fruit 类又继承了 Vegetable 类。Tomato 类体中没有实现任何属性和方法,但由于继承机制,Tomato 类可以任意调用两个父类中所有的属性和方法。第 11-15 行中,创建了 Tomato 类的实例对象,并访问了两个父类的方法。

> 注意多继承情况下,如果多个父类中包含同名的类方法,具体调用哪个类方法是由继承时父类的前后次序决定,即谁排在前面就调用谁的类方法。

2. 方法重写

当出现继承关系时,子类就自动继承父类的所有属性和方法,但并不是所有的方法都适合子类,子类可以按照自己的方式实现方法,即在子类中重写父类的这部分方法。子类在重写父类方法时,要保证子类重写的方法与父类被重写的方法保持一致,包括方法名和参数。例如,水果一般都会先开花后结果,无花果也属于水果类,但无须开花就可以结果,针对这种情况,可以重写父类中的方法。

例 7-18 子类重写父类中的方法。

```
1    class Fruit:
2        def __init__(self, name):        #构造方法
3            self.name = name             #变量
4        def flower(self):                #方法
5            print("{}开花了!".format(self.name))
6    class Fig(Fruit):                    #Fig 类继承 Fruitr 类
7        def flower(self):                #重写父类 flower()方法
8            print("{}不需要开花直接结果!".format(self.name))
9    fig = Fig("无花果")                   #创建 Fig 类实例对象
10   fig.flower()                         #访问 Fig 类中的方法
```

执行上面的程序代码,运行结果如下。

无花果不需要开花直接结果!

在例 7-18 中,Fig 类继承了 Fruit 类,并重写了父类中的 flower()方法。从运行结果可以看出,实例对象访问的是重写之后的 flower()方法。

3. 调用父类的构造方法

构造方法也称为实例方法,因此,在发生继承关系时,父类的构造方法子类同样会继承。但在子类中定义__init__()构造方法时,不会自动调用父类的__init__()构造方法。

例7-19 子类重写父类中的构造方法。

```
1    class Fruit:
2        def __init__(self, name):        #构造方法
3            self.name = name             #变量
4        def flower(self):                #方法
5            print("{}开花了!".format(self.name))
6    class Orange(Fruit):                 #Orange类继承Fruit类
7        def __init__(self):
8            print("橘子的构造方法")
9    orange = Orange()                    #创建Orange类实例对象
10   orange.flower()                      #访问父类Fruit中方法
```

执行上面的程序代码,运行结果如下。

```
Traceback(most recent call last):
  File "D:\PycharmProjects\pythonProject\例7-19.py", line 10, in <module>
    orange.flower()                      #访问父类Fruit中方法
  File "D:\PycharmProjects\pythonProject\例7-19.py", line 5, in flower
    print("{}开花了!".format(self.name))
AttributeError: 'Orange' object has no attribute 'name'
```

在例7-19中,Orange类继承于Fruit类,并重写了父类的构造方法。从运行结果可以看出,出现错误原因是name属性包含在Fruit类中,在Orange类中重写构造方法后会覆盖父类的构造方法,从而创建Orange实例对象时,Fruit类的构造方法未执行。

因此,为了避免此类错误的出现,在子类中重写父类的构造方法时,必须在该方法中调用父类的构造方法。在Python语言中,提供了super()函数对父类构造方法进行调用。super()函数语法格式如下。

```
super().__init__()
```

例7-20 使用super()函数调用父类的构造方法。

```
1    class  Fruit:
2        def  __init__(self, name):          #构造方法
3            self.name = name                #变量
4        def  flower(self):                  #方法
5            print("{}开花了!".format(self.name))
6    class  Orange(Fruit):                   #Orange类继承Fruit类
7        def  __init__(self, name, color):
8            super().__init__(name),         #调用父类的构造函数
9            self.color = color
10   orange = Orange("橘子", "橙色")          #创建Orange类实例对象
11   print(orange.color)                     #访问Orange类的属性
12   orange.flower()                         #访问父类Fruit的方法
```

执行上面的程序代码,运行结果如下。

```
橙色
橘子开花了!
```

在例7-20中,Orange类继承于Fruit类,重写了构造方法__init__(),并在构造方法中使用super()函数调用父类的构造方法,还创建新的color属性。

7.1.11 类的多态

1. 多态的实现

多态是指一类事物具有多种状态。在Python语言中,多态指的是同一个方法在不同派生类对象中具有不同的表现和行为。多态的实现需要满足以下两个前提体条件。

(1)继承:在多态中必须存在有继承关系的子类和父类。

(2)重写:子类重写父类的方法。

例7-21 多态的示例。

```
1    class  Animal:
```

```
2        def __init__(self, name):
3            self.name = name
4        def walk(self):
5            print("{}正在走！".format(self.name))
6    class Chicken(Animal):
7        def walk(self):
8            print("{}正在用两条腿走路！".format(self.name))
9    class Dog(Animal):
10       def walk(self):
11           print("{}正在用四条腿走路！".format(self.name))
12   class Spider(Animal):
13       def walk(self):
14           print("{}正在用八条腿走路！".format(self.name))
15   animal = Chicken("鸡")
16   animal.walk()              #调用Chicken类的walk()方法
17   animal = Dog("狗")
18   animal.walk()              #调用Dog类的walk()方法
19   animal = Spider("蜘蛛")
20   animal.walk()              #调用Spider类的walk()方法
```

执行上面的程序代码,运行结果如下。

```
鸡正在用两条腿走路！
狗正在用四条腿走路！
蜘蛛正在用八条腿走路！
```

在例7-21中,Chicken类、Dog类和Spider都继承于Animal类,且各自都重写了父类的walk()方法。第15-20行中,分别创建Chicken类、Dog类和Spider实例对象,统一命名为animal,并调用walk()方法。从运行结果可以看出,animal实际表示不同的类实例对象,因此根据不同对象调用了各类中的walk()方法。

2. 鸭子类型

鸭子类型(ducktyping)是动态类型的一种风格。在这种风格中,一个对象有效的语义,不是由继承自特定的类或实现特定的接口,而是由当前方法和属性的集合决定。鸭子类型是Python在多态的基础上,衍生出的一种更灵活的编程机制。

例7-22 鸭子类型的示例。

```
1   class Animal:
2       def __init__(self, name):
3           self.name = name
4       def walk(self):
5           print("{}正在走！".format(self.name))
6   class Chicken(Animal):
7       def walk(self):
8           print("{}正在用两条腿走路！".format(self.name))
9   class Dog(Animal):
10      def walk(self):
11          print("{}正在用四条腿走路！".format(self.name))
12  class Spider(Animal):
13      def walk(self):
14          print("{}正在用八条腿走路！".format(self.name))
15  def whoWalk(obj):          #统一函数
16      obj.walk()
17  chicken = Chicken("鸡")
18  dog = Dog("狗")
19  spider = Spider("蜘蛛")
20  whoWalk(chicken) #调用函数,传入Chicken类的实例对象
21  whoWalk(dog)     #调用函数,传入Dog类的实例对象
22  whoWalk(spider)   #调用函数,传入Spider类的实例对象
```

执行上面的程序代码,运行结果如下。

```
鸡正在用两条腿走路！
狗正在用四条腿走路！
蜘蛛正在用八条腿走路！
```

在例7-22中,定义了一个函数whoWalk(),接收参数为obj,在函数内部通过传入的obj调用walk()方法。第17-22行中,分别创建Chicken类、Dog类和Spider实例对象,并将实

例对象分别传入whoWalk()方法中。从运行结果可以看出,whoWalk()并不关心传入的参数obj属于什么类型,而是直接调用这个类型的walk()方法。

7.2 项目实施

任务7-1 商城购物

扫码看微课

1. 任务描述

商城购物用于模拟顾客购物的过程。在购物过程中,顾客可以从商城中购买商品,然后付款结账,付款时会先检测余额是否充足,余额充足直接扣款,否则提醒扣款失败。购物结束时,打印已购商品和余额。本任务将带领大家利用类的定义与使用、类的属性和类的方法,开发"商城购物"。

2. 任务分析

商城购物可分为商城和顾客消费两部分,即购物的过程。由此可以定义两个类,即商城类和顾客类。下面分别对这两个类进行具体分析。

(1)商城类

定义商城类Market,其功能包括添加商品和打印商品基础信息。类中包含产品(name)和价格(price)属性,以及product_info()方法。其中,product_info()方法用于输出商品的基础信息。

(2)顾客类

定义顾客类Customer,其功能包括计算顾客余额、保存已购买的商品名称和打印消费记录。类中包含姓名(name)、预算(budget)和购买列表(product_list)属性,以及buy()方法和show_result()方法。其中,product_list属性用于记录已购买的商品,buy()方法判断余额并将已购买的商品添加到购买列表中,show_result()方法用于打印已购商品和账户余额。

3. 任务实现

例7-23 商城购物。

```
1    class Market:
2        def __init__(self, name, price):
3            self.name = name        #商品名称
4            self.price = price       #商品价格
```

```
5      def product_info(self):              #输出商品基本信息
6          print("{}价格为{}".format(self.name, self.price))
7  class Customer:
8      def __init__(self, name, budget):
9          self.name = name                 #顾客姓名
10         self.budget = budget             #顾客预算
11         self.product_list = []           #购买列表
12     def buy(self, product):              #购物
13         #判断余额
14         if product.price > self.budget:
15             print("您的余额不足,无法继续购买! ")
16         else:
17             self.product_list.append(product.name)   #将商品添加到列表中
18             self.budget = self.budget-product.price #计算余额
19             self.show_result()           #打印消费记录
20     def show_result(self):               #消费记录
21         print("您购买的产品为:", *self.product_list)
22         print("余额为:", self.budget)
23 if __name__ == "__main__":
24     #创建商品对象
25     tv = Market("电视机", 1000)
26     phone = Market("手机", 4000)
27     watch = Market("手表", 1000)
28     #创建顾客对象
29     customer = Customer("张三", 5000)
30     customer.buy(tv)
31     customer.buy(phone)
32     customer.buy(watch)
```

执行上面的程序代码,运行结果如下。

```
您购买的产品为:电视机
余额为:4000
```

您购买的产品为:电视机手机

余额为:0

您的余额不足,无法继续购买!

在例7-23中,定义了Market类和Customer类,用于描述顾客的购物过程。第25-27行中,创建Market类三个实例对象,并分别为对象初始化"电视"、"手机"和"手表"三种商品。第29-32行中,创建了Customer类实例对象,并调用buy()方法实现购物。

任务7-2 儿童身高预估

扫码看微课

1. 任务描述

从遗传学的角度,父母的身高对孩子的身高起着非常重要的作用,往往是父母的身高越高孩子的身高也会越高。因此,孩子的身高可以通过父母的身高来预估,一般采用CMH(the Corrected Midparental Height)方法,计算公式如下。

★女孩=(父亲身高+母亲身高−13)/2±8(cm)

★男孩=(父亲身高+母亲身高+13)/2±8(cm)

根据公式,可以估算出孩子身高的大致范围。本任务将带领大家利用类的封装、类的继承和类的多态,实现"儿童身高预估"。

2. 任务分析

从CMH身高计算公式可以看出,男孩和女孩的身高计算方法有所不同,因此儿童身高预估的实现可分为男孩身高估算和女孩身高估算两部分。由此可以定义两个类,即男孩类和女孩类,根据面向对象的特性可知,男孩类和女孩类都属于儿童类,为了代码的通用性,需要再定义一个儿童类作为基类。下面分别对这三个类进行具体分析。

(1)儿童类

定义儿童类Children,作为基类。类中包含姓名(name)属性,以及get_hight()方法。其中,get_hight()方法用于获得儿童的身高。

(2)男孩类

定义男孩类Boy,继承儿童类Children,其功能是根据父母的身高估算出男孩的身高。类中包含姓名(name)、父亲身高(father_hight)和母亲身高(monther_hight)属性,以及get_hight()方法和print_hight()方法。其中,get_hight()方法重写了基类的get_hight()方法,用于估算男孩身高,print_hight()方法用于打印男孩估算后的身高信息。

(3)女孩类

定义女孩类Girl,继承儿童类Children,其功能是根据父母的身高估算出女孩的身高。

181

类中包含姓名(name)、父亲身高(father_hight)和母亲身高(monther_hight)属性,以及get_hight()方法和print_hight()方法。其中,get_hight()方法重写了基类的get_hight()方法,用于估算女孩身高,print_hight()方法用于打印女孩估算后的身高信息。

3. 任务实现

例7-24 儿童身高预估。

```
1   class Children:
2       def __init__(self, name):
3           self.name = name
4       def get_hight (self): #获得身高
5           pass
6   class Boy (Children): #男孩
7       def __init__(self, name, father_hight, monther_hight):
8           super().__init__(name)
9           self.father_hight = father_hight
10          self.monther_hight = monther_hight
11      def get_hight (self):
12          return int((self.father_hight + self.monther_hight + 13) / 2)
13      def print_hight(self):
14          return "{}的身高范围在{}cm~{}cm".format(self.name, self.get_hight()-8, self.get_hight()+8)
15  class Girl(Children): #女孩
16      def __init__(self, name, father_hight, monther_hight):
17          super().__init__(name)
18          self.father_hight = father_hight
19          self.monther_hight = monther_hight
20      def get_hight(self):
21          return int((self.father_hight + self.monther_hight - 13) / 2)
22      def print_hight(self):
23          return "{}的身高范围在{}cm~{}cm".format(self.name, self.get_hight() - 8, self.get_hight() + 8)
24  def main(obj):   #统一接口
25      print(obj.print_hight())
```

```
26    if __name__ == "__main__":
27        boy1 = Boy('张伟', 165, 160)
28        boy2 = Boy('刘强', 170, 165)
29        boy3 = Boy('李荀', 175, 165)
30        gril1 = Girl('彭娜',165,160)
31        gril2 = Girl('王莹',170,165)
32        gril3 = Girl('刘妍',175,165)
33        main(boy1)
34        main(boy2)
35        main(boy3)
36        main(gril1)
37        main(gril2)
38        main(gril3)
```

执行上面的程序代码,运行结果如下。

```
张伟的身高范围在 161cm~177cm
刘强的身高范围在 166cm~182cm
李荀的身高范围在 168cm~184cm
彭娜的身高范围在 148cm~164cm
王莹的身高范围在 153cm~169cm
刘妍的身高范围在 155cm~171cm
```

在例 7-24 中,定义了基类 Children 类,子类 Boy 类和子类 Girl 类,在各子类中重写了基类的 get_hight()方法。第 24 行,定义了一个函数 main(),接收参数为 obj,在函数内部通过传入的 obj 调用 print_hight()方法。第 27-38 行中,分别创建 Boy 类和 Girl 类实例对象,并将实例对象分别传入 main()方法中。

7.3　项目实训:饮品购买系统

查看参考代码

1. 项目描述

利用面向对象编程实现饮品购买系统。在系统中,通过控制台接收用户输入信息,选择需要购买的饮品。饮品类型有三种:咖啡、柠檬水和可乐。其中,购买咖啡时可以选择中杯、大杯、超大杯、饮品数量,还可以备注加奶、加冰、加糖的情况;购买柠檬水时可以选择中杯、大杯、超大杯、饮品数量,还可以备注加冰、加糖的情况;购买可乐时可以选择中杯、大杯、超大杯、饮品数量,还可以备注百事可乐还是可口可乐,加冰的情况;购买结束时,打印订单信息包括饮品名称、备注信息、杯型、数量和总额,如图7-5所示。

```
D:\Anaconda3\envs\test\python.exe D:\PycharmProjects\pythonProject\饮品购买系统.py
请输入你要购买的饮品:1.咖啡  2.柠檬水  3.可乐1
请录入要购买的咖啡信息:
备注加奶,加冰,加糖的情况: 半糖  不加冰
选择1.中杯   2.大杯   3.超大杯2
购买数量: 5
---订单信息---
您购买了:咖啡,大杯,半糖  不加冰
购买数量: 5杯
价钱: 共65元
```

图7-5　饮品购买

2. 项目分析

(1)饮品类

定义饮品类Drink,作为基类。类中属性包括:名称(name)、价格(price)、大小(size)、数量(num)、备注(remark),以及show()方法用于打印饮品信息。Drink类具体代码如下。

```python
class Drink:
    def __init__(self, name, price, size, num, remark):
        self.name = name          #饮料名
        self.price = price        #价格
        self.size = size          #大小
        self.num = num            #数量
        self.remark = remark      #备注
    def show(self):
        return "---订单信息---\n您购买了:{},{},{}\n购买数量:{}杯\n价钱:共{}元".format(self.name, self.size, self.remark, self.num, self.price * self.num)
```

(2)咖啡类、柠檬水类、可乐类

定义咖啡类Coffee、柠檬水类Water、可乐类Coal均继承于饮品类Drink。三个派生类的具体代码如下。

```
class Coffee(Drink):  #咖啡
    def __init__(self, name, price, size, num, remark):
        super().__init__(name, price, size, num, remark)
class Water(Drink):  #柠檬水
    def __init__(self, name, price, size, num, remark):
        super().__init__(name, price, size, num, remark)
class Coal(Drink):   #可乐
    def __init__(self, name, price, size, num, remark):
        super().__init__(name, price, size, num, remark)
```

（3）购买类

定义购买类 BuyDrink，该类用于实现购买饮品过程，购买结束时，打印订单信息。
BuyDrink 类的部分代码如下。

```
class BuyDrink:
    def __init__(self):  #构造函数
        self.Coffee = None
        self.Water = None
        self.Coal = None
    def buy(self):
        choose = int(input("请输入你要购买的饮品:1.咖啡 2.柠檬水  3.可乐"))
        if choose == 1:
            '''
            购买咖啡过程
            1.用户备注加奶,加冰,加糖的情况
            2.用户选择 1.中杯  2.大杯  3.超大杯
            3.根据用户选择大小,给属性大小（size）,价格（price）赋值。中杯10元,大
杯13元,超大杯15元
            4.用户购买数量
            5.创建咖啡类实例对象,并初始化。
            6.打印订单信息
            '''
        elif choose == 2:
```

```
'''
购买柠檬水过程
1.用户备注加冰,加糖的情况
2.用户选择1.中杯  2.大杯  3.超大杯
3.根据用户选择大小,给属性大小(size),价格(price)赋值。中杯8元,大杯
10元,超大杯12元
4.用户购买数量
5.创建柠檬水类实例对象,并初始化。
6.打印订单信息
'''
elif choose == 3:
'''
购买可乐过程
1.用户备注百事可乐还是可口可乐,加冰的情况
2.用户选择1.中杯  2.大杯  3.超大杯
3.根据用户选择大小,给属性大小(size),价格(price)赋值。中杯3元,大杯
6元,超大杯8元
4.用户购买数量
5.创建可乐类实例对象,并初始化。
6.打印订单信息
'''
else:
    print("您的输入有误,请重新选择")
```

3. 做一做

根据本章的知识点,补全上述代码,独立完成本实训。

7.4 思政讲堂:数字时代的艺术家与工匠——现代软件开发者的匠心精神

　　现代软件开发者,如同数字时代的艺术家和工匠,他们使用复杂的编程语言和开发工具,借助数学和计算机科学知识,耗费数年心力,将代码不断优化、完善,最终创造出功能强大、用户体验卓越的软件产品。就像古代的玉匠、刀匠、石匠和艺术家一样,现代软

件开发者也需要拥有匠心独运的精神,追求卓越和创新。他们的每一个代码片段都需要精益求精,注重每一个细节和功能的完善,才能打造出像艺术品一样的软件。同时,他们也需要遵守职业操守和道德规范,注重数据安全和隐私保护,传承和发扬工程师的职业精神,为数字时代的发展和人类的福祉做出自己的贡献。

7.5 项目小结

本章主要介绍了 Python 面向对象编程的基础知识,包括类和对象、构造方法、self 参数、属性、方法、封装、继承以及多态等内容。首先介绍了面向对象的基本概念以及类的定义与实例对象的创建,然后介绍了构造方法、self 参数、类属性与实例属性、类方法与静态方法,最后介绍了面向对象的三大特性,即封装、继承和多态。以任务"商城购物"讲解了类的定义与使用、类的属性和类的方法的具体应用,以"儿童身高预估"讲解了类的封装、类的继承和类的多态的具体应用。

7.6 练习题

一、单选题

1. 关于 Python 类定义说法错误的是(　　　)。
   A. 类定义必须使用 class 关键字实现
   B. 类的属性和类的方法必须存在的
   C. 类的属性和类的方法所在的位置是任意的
   D. 类的命名通常要有实际意义

2. 构造方法是 Python 在类的定义时提供了一个特殊的方法,即(　　　)。
   A. __int__　　　　　　B. init　　　　　　C. __init__　　　　　　D. int

3. Python 类的方法说法错误的是(　　　)。
   A. 构造方法是一种特殊的方法,主要用于初始化对象
   B. 方法的调用方式为对象名.方法名
   C. 方法有多个参数且第一个参数必须命名为 self
   D. 构造方法可以不用手动创建

4. 下列选项中,关于私有属性定义正确的是(　　　)。
   A. private 属性名　　　　　　　　B. __属性名__
   C. _属性名　　　　　　　　　　　D. __属性名

5. 下列选项中,关于 Python 类的继承格式正确的是(　　　)。
   A. class A(B:C):　　　　　　　　B. class A extend B, C:

C. class A(B,C): D. class A:(B,C)

6. 派生类是通过( )来调用基类的构造方法。

    A. super()   B. 基类名.__init__()

    C. __repr__   D. 派生类名.__init__()

二、判断题

1. Python允许创建一个没有任何属性和方法的类,即空类。   ( )

2. 在类的定义时,每个类中至少要定义一个构造方法。   ( )

3. 类属性和实例属性既可以通过类名调用,又可以通过对象名调用。   ( )

4. 类方法需要使用标识符@classmethod进行修饰。   ( )

5. Python面向对象三大特性包括封装、继承、多态。   ( )

6. 被继承的父类拥有子类的所有属性与方法,父类可以当作子类使用。   ( )

7. 多继承情况下,如果多个父类中包含同名的类方法,具体调用哪个类方法是由继承时父类的前后次序决定。   ( )

8. Python可以定义不同类型的参数,并创建多个同名的方法,从而实现多态。   ( )

三、简答题

1. 什么是面向对象?

2. 简述类与对象之间的关系。

3. 简述Python面向对象的三大特性。

四、编程题

1. 定义一个Student类(学生类),类中包括学号、姓名、英语成绩、数学成绩、计算机成绩等属性,以及求三门总分的方法total()、求三门平均成绩的方法avg()。创建该类的实例对象,传入初始值并调用total()和avg()方法。

2. 定义一个Employee类(员工类),类中包括姓名(name)、年龄(age)、职务(post)等属性,以及计算薪资的方法salary()。其中,职务(post)分为普通员工、主管、总经理;薪资计算方法均按固定工资分配,普通员工8000元,主管10000元,总经理15000元。创建该类的多个实例对象,传入初始值并调用计算薪资的方法salary()。

3. 在数学中,我们会经常遇到计算规则图形的面积题型,对于不同的规则图形,其面积计算公式也不同,但是它们都具有长和宽属性,也都能直接用面积公式进行计算。

    1)定义Shape类(形状类),该类中包含width(长)属性和height(宽)属性,以及求几何图形的面积area()方法。

    2)定义Rectangle类(长方形类),该类继承自形状类Shape,并重写父类中的area()方法。

    3)定义Triangle类(三角形类),该类继承自形状类Shape,并重写父类中的area()方法。

    4)分别创建Rectangle类和Triangle类的实例对象,并调用各类中的area()方法,打印出不同形状的几何图形的面积。

项目8　文件操作

项目导入:信息技术的价值依托于信息的存储与传递。信息以数据的形式存储于存储设备中。在程序设计中,我们最常使用的变量就是在程序运行过程中被临时存储于内存当中的数据。而当程序运行结束后,这些数据就会被销毁。而另一数据,它们会永久存储于某些存储器(如磁盘)中,不会随着任何程序的结束而消失。在这些数据的永久存储形式中,最常见的就是文件。因此,几乎所有编程语言(包括Python在内)都对文件的操作近乎完备地支持。此外,操作文件,不仅仅是应用程序开发者的必备技能,同时也是任何一名从事计算机数据处理的工作人员所需要掌握的。Python作为一种脚本语言,非常适合将人工地从文件中分析数据的工作转化为自动化脚本来完成。因此,学习Python如何操作文件是非常必要的。

职业能力目标与要求:	
⇨了解文件的基本概念	⇨掌握文件对象的基本操作
课程思政目标与案例:	
⇨软件开发者应该具备的责任和担当精神,更要有家国情怀	⇨家国情怀:软件开发者的使命与担当

8.1　知识准备

8.1.1　文件的基本概念

　　文件是计算机中具有某种特定格式,其中包含文本或二进制信息并存储在持久性存储设备或临时存储设备中的一段数据流。我们常见的文件是一组关联数据的集合,通常存储于磁盘中。一组关联数据表示的是一份完整、有效、有含义的信息,只有当使用合适的应用软件访问它时,你才能获取到这份信息的确切含义,或者对它进行有意义的改写。

　　在计算机中,数据最终都是以二进制数的形式进行存储的。为了使得人类可以理解它,需要对它进行编码和解码。将人类可理解的信息的格式转换为二进制的过程即为**编码**。将二进制数据转换为人类可理解的信息格式的过程即为**解码**。按照不同的编码方式,文件可以分为文本文件和二进制文件。**文本文件**是指通过常见的字符集编码方式对其内容进行编码的文件,而**二进制文件**是指对内容没有进行编码或可能采用某一类软件指定的特有编码方式对其内容进行编码的文件。例如,在Windows系统中,以扩展名"txt"结尾的文件,其包含的信息为一份文本,通常是通过ANSI字符集或UTF-8字符集对其进行编码的,因此这类文件就是前述的文本文件。我们使用Windows自带的记事本软件,即可打开这类文件并查看和修改其内容。以扩展名"mp3"结尾的文件,其包含的信息为一首歌曲。当我们使用音乐播放器打开它,就可以通过音乐播放器所支持的对于音乐的编解码方式对其进行解码,并以声音的方式从扬声器传播至外。以扩展名"doc"结尾的文件,是能够使用Word软件查看和修改的文档文件。它不是用常见的字符集编解码方式进行编码的,而是通过Word所支持的特有的编解码方式进行编码的。因此,如果使用记事本软件打开它,只会看到一串乱码。只有使用Word软件或其他支持其编解码方式的办公软件,才能正确地对其进行解码。

对文件的常规操作主要有四种:打开文件、关闭文件、读内容和写内容。对文件的操作是对计算机系统中最底层逻辑的操作。在打开文件的过程中,实际上会在内存空间中创建一个与该文件相关的结构体对象,以表示该文件的信息,也便于读写操作。因此,只有当打开文件之后,我们才能读或写该文件的内容。相对地,关闭文件就是删除打开文件时所创建的结构体对象,以释放内存资源。

1. 文件的绝对路径与相对路径

回想一下,当你日常使用Windows系统时,如果你想打开一个文件,你会怎么做呢?你可能会打开资源管理器,通过打开一层一层的文件夹,最终找到那个文件,然后用默认的或适当的应用软件打开该文件。在大多数文件系统中,文件与包含它的各层文件夹用**目录树分层结构**来表示。图8-1展示了一个目录树结构的示例。**文件夹**(也被称作**目录**)是可以包含其他文件或文件夹的特殊类型的文件,例如图8-1中的"dir1",在它之内包含了另一个文件夹"dir3",在"dir3"中又包含了一个文件"file2"。相对地,我们平时在大多数语境下直接提及的文件是指不能包含其他文件或文件夹的文件,例如图8-1中的"file1"和"file2"。文件夹内部也可以不包含任何文件,那么该文件夹就是一个空文件夹,例如图8-1中的"dir2"。

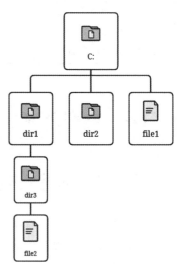

图8-1　目录树结构示例

我们用**文件路径**来表示目标文件在一层一层文件夹内部的具体位置。为了打开一个文件,我们需要指定所打开文件在该文件系统中的文件路径。在应用软件的层面上,我们正是通过一个文件的路径来标识一个文件的。文件的路径是一个文件系统中文件或目录的名称的通用表现形式,它指向文件系统上的一个唯一位置。指向一个文件系统位置的路径通常采用以字符串表示的目录树分层结构来表示，首个部分表示文件系统中的一个位置，之后以分隔字符分开的各部分路径表示各级目录，最后是该文件或文件夹。分隔字符最常采用斜线"/"、反斜线"\"或冒号"："字符。在 Python 语言中，我们会使用"/"或"\"作为各级目录之间的分隔符。

　　文件路径分为两种，分别为绝对路径和相对路径。**绝对路径**就是从文件系统根目录开始进行"寻址"的。在 Windows 系统的默认文件系统中，根目录就是某个磁盘分区。通过资源管理器的地址栏，我们很容易获取到一个文件的绝对路径。如图 8-2 所示，根据地址栏的信息，我们很容易获知，在 C 盘之下有一个文件夹"dir1"，在其内部有一个文件夹"dir3"，在其内部又有一个文件"file2"。无论是文件夹还是文件，它们都有自己的路径。在 Windows 系统的默认文件系统中，磁盘分区的绝对路径用该分区盘符加冒号来表示，如 C 盘的绝对路径为"C:"。假设以"/"作为各级目录的分隔符。文件夹"dir3"的绝对路径为"C:/dir1/dir3"。文件"file2"的绝对路径为"C:/dir1/dir3/file2"。假设以"\"作为各级目录的分隔符。由于"\"在 Python 语言中为转义字符，我们需要使用"\"对其自身进行转义。因此，文件"file2"的绝对路径表示为"C:\\dir1\\dir3\\file2"。对于文件来说，其路径的结尾就是自己的文件名。对于文件夹来说，其路径的结尾可以是自己的文件夹名，也可以在其之后再加一个分隔符。例如，"C:/dir1/dir3/"和"C:/dir1/dir3"都是文件夹"dir3"的绝对路径。从应用软件的角度来看，磁盘分区与文件夹没有区别，都是包含其他文件或文件夹的一个目录层级。因此，我们在本章语境下将磁盘分区和文件夹同等看待，如图 8-1 中的"C:"图示。

图 8-2　文件路径示例

　　文件的**相对路径**是从当前工作目录出发来进行"寻址"的路径，而不必从根目录开始一层一层地往下确定目标文件的位置。例如，假如当前工作目录在文件夹"dir1"，那么文件"file2"相对于当前工作目录的相对路径就是当前工作目录下的文件夹"dir3"之下，即"dir3/file2"。假如当前工作目录在文件夹"dir3"，那么文件"file2"相对于当前工作目录的相对路径就是"file2"。在相对路径的表示中，有两个特殊的路径，其中一个为"."，用来表示当前所达到的目录级的同级目录。因此文件"file2"相对于文件夹"dir3"的相对路径也可以表示为"./file2"。在相对路径的表示中，另一个特殊的路径为".."，用来表示当前所达到的目录级的上一级目录。因此 C 盘相对于文件夹"dir3"的相对路径为"../.."。当运行一个 Python 程序时，工作目录默认为该 Python 程序文件的所在目录。你也可以让程序在运行过程中修改工作目录。

2. 读写位置

根据文件路径,我们就可以打开一个文件,而后就可以对该文件进行读写操作了。在打开文件时,会确定文件中的一个偏移位置,表示程序对这个文件进行读写操作的位置。在本书中,我们将其简称为文件的**读写位置**(或**游标**)。读写位置用文件中内容从第0个字节开始往后的字节数来表示。读写位置很像我们用记事本软件查看一个文本文件时出现在窗口中字符之间的光标。当我们用记事本软件编辑一个文本文件时,新插入的字符都会在光标所在位置插入。但是,Python对文件的读写和记事本不同的是:不仅仅是写,读操作也是与读写位置相关的;写操作并不是将读写位置后面的内容后推再插入新内容,而是会将读写位置后面的内容覆盖;不仅仅是文本文件,对于二进制文件的读写也需要关心读写位置。每当我们读或写文件时,这两类操作都会在读写位置开始执行,且同时会使读写位置后移。例如,每当读或写n个字节,读写位置都会后移n个字节。

读文件的读写位置状态变化如图8-3所示。假设文本内容是以"Python is a clear"开头的一小段文字,当前读写位置正位于"powerful"的第一个字节的地方。当我们要读取内容时,读到的将是从读写位置开始往后的内容,即"p"及其之后的内容。如果此时我们读了8个字节,那么我们就会读取到"powerful",同时更新读写位置到"powerful"的后一个字节的位置。那么,下一次读的时候,就会读取新的读写位置之后的内容,并同样会向后更新读写位置。

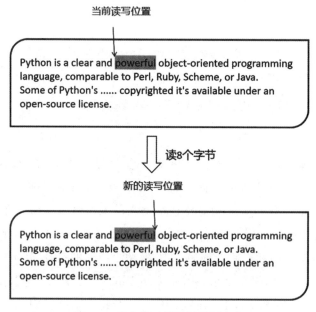

图8-3　读文件时的读写位置变化

写文件的读写位置状态变化与读文件类似,如图8-4所示。当前读写位置起初正位于"powerful"的第一个字节的地方。此时我们写了8个字节"abcdefgh",那么从读写位置开始往后的 8 个字节的内容,即"powerful"将会被覆盖,被替换成"abcdefgh",同时更新读写位置到"abcdefgh"的后一个字节的位置。那么,下一次写的时候,就会覆盖新的读写位置之后的内容,并同样会向后更新读写位置。

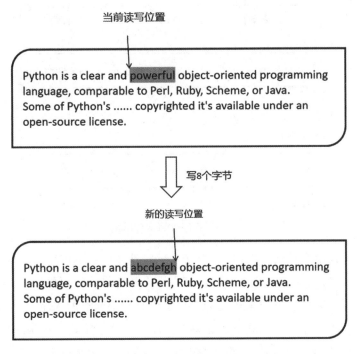

图 8-4　写文件时的内容和读写位置变化

当使用不同的打开模式来打开一个文件的时候,其默认的读写位置也会不同。但我们也可以在打开文件之后的任何时刻修改其读写位置。

3. 文件的缓冲与刷新

由于底层存储结构的特性和性能的考量,尽管文件存储于磁盘当中,而程序对于文件的读写将全部发生在内存之中。因此,程序首先会将文件中的内容从磁盘读取到内存中,然后再对其进行读写操作。当我们准备读写一个文件时,程序会向操作系统申请一块内存区域,用于存放文件内容。该区域被称作缓冲区。操作系统提供了多种缓冲区的分配策略,以适应不同的读写需求。程序对文件内容的读写实质上是对缓冲区内容的读写。然而,缓冲区是由操作系统负责管辖的,程序无法直接对缓冲区里的数据进行操作,而是将其读取到操作系统为该程序所保留的程序执行环境中。程序执行环境同样也位于内存中,但与缓冲区分别为两块内存区域。

程序对文件内容的读写操作如图 8-5 所示。假设我们打开了一个文件"file.txt",其部分内容如图 8-5 所示,是一段关于 Python 特点的描述。假设此时读写位置位于图中箭头所指的位置,即"There"的左侧。

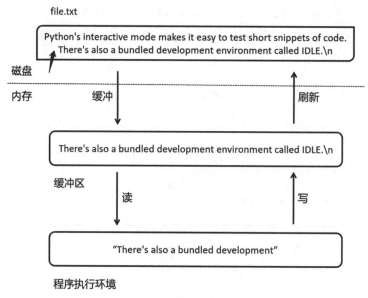

图8-5　程序读写文件示例

当程序想要读取文件内容的时候,程序会从缓冲区中获取内容。如果缓冲区初始内容为空,则操作系统会先从磁盘中获取内容。操作系统将从读写位置开头的一段内容传输到内存中的缓冲区中。这段被传输的内容也许只到当前行的末尾,也可能会是后面总计 n 个字节的内容。这取决于操作系统关于缓冲区的分配策略。如果缓冲区容量较小,那么一次传输的内容也会较少。图 8-5 仅展示了将读取位置开始到当前行末尾的内容传输到缓冲区的效果。而后,程序再从缓冲区中获取内容,该过程会将缓冲区中的内容传输到程序执行环境中。程序获取的内容也许会比缓冲区中的内容少,正如图 8-5 中所展示的一样,也可能比缓冲区中的内容多。如果程序需要读取更多内容,超出了缓冲区的容量,操作系统会多次更新缓冲区的内容,多次将旧的内容丢弃。

写的过程与读的过程正好相反。程序会将自己执行环境中的内容写入文件里。该内容会首先从程序执行环境传输到缓冲区,然后由操作系统将缓冲区的内容传输到磁盘里。

因此,在这一整个过程中,涉及了四个数据传输方向。我们按照图 8-5 中的说明来命名这四个过程:数据从磁盘传输到内存缓冲区的过程被称作**缓冲**;数据从缓冲区传输到程序执行环境的过程被称作**读**或**读取**;数据从程序执行环境传输到缓冲区的过程被称作**写**;数据从缓冲区传输到磁盘的过程被称作**刷新**。缓冲区是由操作系统来进行分配和管理的,程序无法直接管辖,但可以提供建议。缓冲和刷新这两个过程是完全由操作系统来完成的。在程序读取内容的过程中,我们甚至可以忽略缓冲区的存在,理解为内容是直接从磁盘传输到程序执行环境的,因此缓冲过程对于程序来说是"透明"的。但是在程序写内容的过程中,刷新过程就没有那么"透明"了。数据会马上从程序执行环境写入缓冲区,但不会马上刷新到磁盘中。刷新的时间由操作系统控制。因此,尽管程序执行了写操作,但通过资源管理器查看文件时,会发现文件内容还没有及时更新,直到操作系统执行了刷新操作,内容才真正写入到文件中。这就很像你使用文本编辑器编辑文件时,只有当点击"保存"按钮,你编辑的内容才会真正保存到磁盘里。为了提高程序性能,通常只有当缓冲区内容满了或需要更新时,才会把当前缓冲区的内容刷新到磁盘。你也可以手动地"命令"操作系统完成刷新操作。

8.1.2　打开文件

在 Python 语言中,万事万物都被看成是一个对象,文件也不例外。为了创建一个文件对象,我们首先就要打开它。打开一个文件的函数头如例 8-1 所示。

例 8-1　open 函数

```
open(file, mode='r', buffering=-1, encoding=None, errors=None, newline=None, closefd=
True, opener=None)
```

该函数为 Python 语言的内置函数,最多可接收 8 个参数。

参数说明:

file:可接收字符串类型的值,表示要打开的文件在文件系统中的路径。该路径可以是绝对路径,也可以是相对路径。如果参数 closefd 为 False,则该参数也可以为一个整数。

mode:可接收字符串类型的值,表示文件打开模式,可接收的值及其含义如表 8-1 所示。文件打开模式大体上可分为三类,分别是读写模式、编码模式和更新模式。在为形参 mode 传值的时候,有效值为表 8-1 中的单个字符的有效组合。更准确地说,mode 的有效值为至少一个读写模式字符、至少一个编码模式字符和至多一个更新模式字符。例如,mode 的其中一个有效值为"rt",表示以只读模式和文本模式打开文件,另一个有效值"rt+"表示以读写模式和文本模式打开文件。Python 解释器提供了一个简单的优化,如果你没有指定编码模式,Python 解释器会自动补上"t",表示你想要以文本模式打开文件。因此,"r"和"r+"也是有效的 mode 值。

表 8-1　文件打开模式

打开模式		含义
读写模式	r	以只读模式打开文件。该值为默认值。以该模式打开文件时,读写位置默认为文件开头,即 0 字节。
	w	以只写模式打开该文件,读写位置默认为文件开头。这会使文件内容被完全截断,相当于把文件内容清空,即使你在打开文件后完全没有写。如果该文件不存在,则先创建文件。
	x	以独创模式打开该文件。当该文件不存在,则会先创建这个文件,然后以只写模式打开该文件(和'w'完全一样)。如果该文件已存在,则会报错。

续表

打开模式		含义
	a	以写追加模式打开该文件,读写位置默认为文件内容的末尾。该模式不会使文件内容被截断,而是可在文件原内容之后添加新内容。如果该文件不存在,则先创建文件。
编码模式	b	以二进制模式打开该文件。
	t	以文本模式打开该文件。该值为默认值。
更新模式	+	以更新模式打开该文件。单个字符不是形参mode可接收的值,需要和其他打开模式组合使用。
读写模式与更新模式的组合	r+	以可读可写模式打开文件。读写位置默认为文件开头。与"r"相比,该模式允许写操作。
	w+	以可读可写模式打开文件。读写位置默认为文件开头。该模式会遵循"w"模式的规则——截断文件内容。因此以该模式打开文件,文件初始内容会被清空,而后可以对该文件进行读写操作。相比较而言,"r+"不会清空文件内容,但同样允许读写文件。
	x+	以独创模式打开该文件。当该文件不存在,则会先创建这个文件,然后以读写模式打开该文件(和'w+'完全一样)。如果该文件已存在,则会报错。
	a+	以可读且可写追加的模式打开该文件,读写位置默认为文件内容的末尾。

buffering:表示应用于该文件的缓冲策略。由于文件位于磁盘中,而程序对文件的读写发生在内存中。因此我们需要首先将磁盘里的文件数据读取到内存中,然后再进行读写操作。缓冲策略关系到操作系统在从磁盘中读写该文件时会如何分配和使用内存。通常,我们无须设置该参数的值,保持默认即可。

encoding:当以文本模式打开文件时,指定要使用的字符集编码。当该参数值为None时,Python会根据操作系统的信息确定所要使用的字符集编码。比较常见的字符集编码为ASCII、Unicode和UTF-8。除此之外,Python还支持多达80种以上的字符集编码,以支持不同国家语言的编码方式。这些编码的定义全部位于codecs模块中。通常,我们也只需要保持该参数值默认即可。

errors:可接收字符串类型的值,表示当编解码文件出现错误时,会如何处理错误。其有效值以及含义如表8-2所示。

表8-2 编解码错误处理及其含义

错误处理	含义
strict	当遇到编解码错误,则抛出 ValueError 异常。errors值为 None 与"strict"同等效果。
ignore	忽略编解码错误,这会导致数据丢失。
replace	使用"?"取代无法编解码的字符。
surrogateescape	使用数值较低的编码来取代无法编解码的字符。这么做可以无损失地恢复编码。
xmlcharrefreplace	在写文件时,使用恰当的XML字符引用来取代无法编码的字符。
backslashreplace	使用Python转义字符序列来取代无法编解码的字符。
namereplace	在写文件时,使用"\N{...}"序列取代无法编码的字符。

newline:表示将磁盘中的文本文件内容读入到内存缓冲区或从内存缓冲区写入到磁盘中时的换行模式。换行模式指的是以什么字符表示换行。该参数的有效值及其含义

如表8-3所示。通常,在文件中或其他外部数据流中,表示换行的有效字符有"\n"、"\r"或"\r\n"。而另一方面,在Python中,我们向文件或向外部输出流中写文本数据时,只会以'\n'作为换行符。

表8-3 换行模式及其含义

换行模式	读文件	写文件
None	将'\n'、'\r'、'\r\n'识别为换行符,并全部转换为'\n'。	会将'\n'转换为系统默认的换行符。
''	将'\n'、'\r'、'\r\n'识别为换行符,不进行转换。	不进行转换(仍为'\n')。
'\n'	仅将'\n'识别为换行符,不进行转换。	不进行转换(仍为'\n')。
'\r'	仅将'\r'识别为换行符,不进行转换。	会将'\n'转换为'\r'。
'\r\n'	仅将'\r\n'识别为换行符,不进行转换。	会将'\n'转换为'\r\n'。

closefd:默认为True,表示根据文件路径标识文件,此时file表示文件的路径。如果该参数为False,表示根据文件描述符号来标识文件。如前所述,在打开文件时,操作系统会在内存空间中创建一个与该文件相关的结构体对象,以表示该文件的信息。该结构体对象被称作文件描述符。每个文件描述符都有自己的编号,即文件描述符号。因此一个文件描述符号正好可以标识一个文件。我们可以通过操作系统的接口获取到一个文件的文件描述符号。通常,我们只需要保持该参数值为默认值True,并使用文件路径来标识一个文件即可。

opener:一个打开器是一个回调函数,用来完成一些你在打开文件之前想要做的默认行为。

根据前面对open()函数可接收的所有参数的解释,我们可以发现,尽管open()函数的参数很多,而且有些涉及较底层的知识,相对晦涩难懂。然而,在大多数场景中,我们只需要理解并设置前两个参数file和mode即可。其他参数都可以保持默认值。例8-2所展示的三条调用语句都是正确的调用open()函数的示例。

例8-2 open()函数调用示例。

```
1    f = open("my_dir/my_file.txt")
2    f = open("D:\\dir\\file.txt", mode = 'w+')
3    f = open("image.jpg", mode = "rb")
```

如果该函数调用成功,则会返回一个文件对象。文件对象提供了一些表示该文件信息的属性,以及一些可用于操作文件的方法。接下来,我们就可以访问文件对象的属性,或调用该对象的方法来操作文件了。如果该函数调用失败,即打开文件失败(例如以只读模式尝试打开一个未创建的文件),则会抛出一个OSError异常。

文件的读写模式关系到文件的读写操作和读写位置的状态。不同的读写模式支持不同的读写操作和不同的初始读写位置,在表8-3中已给出各种读写模式的详细描述。需要注意的是,以只读模式打开的文件,只支持读,不支持写。如果对只读文件进行写操作,则会报错。另一方面,以只写模式打开的文件,只支持写,不支持读,不仅如此,该模式还会将文件内容全部截断,相当于是清空文件内容。当以只写模式打开文件时,尽管你还没开始写内容,原内容就已经被清空了。例如,假设存在一个包含一些内容的文件"file.txt",借助Windows系统的资源管理器,我们可以获知其大小有1.26KB,如图8-6所示。当以只写模式打开该文件之后,再一次查看该文件的属性,会发现其大小变成了0字节,如图8-7所示。当使用记事本软件打开该文件时,会发现内容已被全部清空。因此,当你使用只写模式时,一定要清楚你想做什么,以免造成数据丢失。

图8-6 原文件大小图

图8-7 以只写模式打开文件之后的文件大小

8.1.3 关闭文件

关闭文件是打开文件的反向操作。当打开文件时,操作系统会为其分配一个文件描述符,而后程序也可以对该文件进行操作了。当关闭文件时,文件描述符会从内存中被释放,以释放内存资源。我们通过文件对象的close方法来关闭文件,如例8-3所示。

例8-3 close()函数调用示例。

```
1    f = open("file.txt")
2    f.close()
```

当你对一个文件操作完毕,且确定在未来较长时间内不会再操作该文件,最好将其关闭。文件被存储于磁盘之中,是系统中多个程序可同时访问的共享数据。如果不及时关闭文件,一方面是浪费内存资源,另一方面会对数据同步造成障碍。

8.1.4 操作文件

在本节中,我们所讲述的对文件的操作,主要是对所打开文件的内容的操作,主要有两种,分别为读文件和写文件。

　　读文件,就是将文件内容读入到程序的执行环境中,该过程会将文件内容以字符串的形式返回到程序的执行环境中,那么该字符串就会成为程序中的一个字符串对象。我们可能会将该字符串对象作为表达式的操作数,如将其赋给某一字符串变量,或作为调用函数的参数,或访问其属性或方法用于更复杂的表达式计算。

　　当我们成功调用 open() 函数,该函数就会返回一个有效的文件对象。文件对象的类型并非唯一的类,根据其打开模式的不同,其类型可能对应不同的类,但它们基本上都包含相同功能的方法,只是方法的实现不同。文件对象提供了三个读取文件内容的方法,其含义如表 8-4 所示。方法的调用通常都是依托于一个已创建对象,并使用"."运算符。在表 8-4 中,假设已创建的文件对象为 f。

表 8-4　文件对象方法(读文件)

文件对象 f 的方法(读文件)	含义
f.read(size=-1)	读取全部内容,直到 EOF,返回单个字符串。size 若为非负值,则读取内容不超过 size 字节。
f.readline(size=-1)	读取一行,返回单个字符串。size 若为非负值,则读取内容不超过 size 字节。
f.readlines(hint=-1)	读取全部内容,直到 EOF,返回以单行内容为字符串型元素的列表。hint 若为非负值,则表示当读完一行后发现读取内容的总字节数超过 hint 字节,则不再继续读。(即读取的内容除最后一行以外,总字节数不超过 hint 字节,但加上最后一行可能会超过 hint 字节。)

　　假设当前存在文件"file.txt",其内容如例 8-4 所示。文件内容总共 10 行。

　　例 8-4　file.txt 内容。

1　Python is a clear and powerful object-oriented programming language, compa-rable to Perl, Ruby, Scheme, or Java.

2　Some of Python's notable features:

3　Uses an elegant syntax, making the programs you write easier to read.

4　Is an easy-to-use language that makes it simple to get your program working. This makes Python ideal for prototype development and other ad-hoc program-ming tasks, without compromising maintainability.

5　Comes with a large standard library that supports many common programming tasks such as connecting to web servers, searching text with regular expressions, reading and modifying files.

6　Python's interactive mode makes it easy to test short snippets of code. There's also a bundled development environment called IDLE.

7　Is easily extended by adding new modules implemented in a compiled language such as C or C++.

8　Can also be embedded into an application to provide a programmable interface.

9　Runs anywhere, including Mac OS X, Windows, Linux, and Unix, with unoffi-cial builds also available for Android and iOS.

10　Is free software in two senses. It doesn't cost anything to download or use Pyth-on, or to include it in your application. Python can also be freely mod-ified and re-distributed because while the language is copyrighted it's avail-able under an open-source license.

我们首先通过open()函数打开该文件,其调用语句如例8-5所示。我们设置了file的值为"file.txt",其他形参保持默认值。其中mode也为默认值"r"。因此,该文件会以只读模式和文本模式被打开,且读写位置位于文件开头。

例8-5　调用open()函数打开file.txt。

```
1   f = open("file.txt")
2   str = f.read()
3   print(str)
```

当我们调用read()方式而不传入任何实参时,该调用会读取文件的全部内容,并返回单个字符串值,执行结果如下所示:

Python is a clear and powerful object-oriented programming language, compara-ble to Perl, Ruby, Scheme, or Java.

Some of Python's notable features:

Uses an elegant syntax, making the programs you write easier to read.

Is an easy-to-use language that makes it simple to get your program working. This makes Python ideal for prototype development and other ad-hoc programming tasks, without compromising maintainability.

Comes with a large standard library that supports many common programming tasks such as connecting to web servers, searching text with regular expressions, reading and modifying files.

Python's interactive mode makes it easy to test short snippets of code. There's also a bundled development environment called IDLE.

Is easily extended by adding new modules implemented in a compiled language such as C or C++.

Can also be embedded into an application to provide a programmable interface.

Runs anywhere, including Mac OS X, Windows, Linux, and Unix, with unofficial builds also available for Android and iOS.

Is free software in two senses. It doesn't cost anything to download or use Python, or to include it in your application. Python can also be freely modified and re-distributed because while the language is copyrighted it's available under an open-source license.

当我们调用read()方式时传入一个整型值n,则表示要读取不超过n个字节的内容。

例 8-6 调用read()方法时传入整数3。

```
1    f = open("file.txt")
2    str = f.read(3)
3    print(str)
```

执行结果如下所示:

```
Pyt
```

可见,返回的字符串只包含3个字符。每个字符实际上对应的是一个ASCII码,所以总共是3个字节。如果数值n比文件内容的总字节数还大,则执行结果与调用read()不传入参数相同。

当我们调用readline()方式而不传入任何实参时,该调用会读取文件中的一行内容,并返回单个字符串值。所谓一行内容,就是直到换行符为止的内容。

例 8-7 f.readline()读取数据。

```
1    f = open("file.txt")
2    str = f.readline()
3    print(str)
```

执行结果如下所示：

> Python is a clear and powerful object-oriented programming language, comparable to Perl, Ruby, Scheme, or Java.

当我们调用readline()方式时传入一个整型值n,则表示要读取不超过n个字节的内容。情况类似于read()方法。如果数值n比当前行的总字节数还大,则执行结果与readline()不传入参数相同。

当我们调用readlines()方式而不传入任何实参时,该调用会读取文件的全部内容,并将每行作为一个字符串元素,返回一个字符串列表。其执行结果如例8-8所示。由于原文件内容总共就包含了10行内容。因此readlines()方法返回的列表正好也包含10个元素,每个元素为一个字符串,分别对应文件内容中的10行内容。

例8-8 f.readlines()读取数据。

```
1    f = open("file.txt")
2    lines = f.readlines()
3    print(len(lines))
4    print(lines)
```

执行结果如下所示：

> 10
>
> ['Python is a clear and powerful object-oriented programming language, comparable to Perl, Ruby, Scheme, or Java.\n', "Some of Python's notable features:\n", 'Uses an elegant syntax, making the programs you write easier to read.\n', 'Is an easy-to-use language that makes it simple to get your program working. This makes Python ideal for prototype development and other ad-hoc programming tasks, without compromising maintainability.\n', 'Comes with a large standard library that supports many common programming tasks such as connecting to web servers, searching text with regular expressions, reading and modifying files.\n', "Python's interactive mode makes it easy to test short snippets of code. There's also a bundled development environment called IDLE.\n", 'Is easily extended by adding new modules implemented in a compiled language such as C or C++.\n', 'Can also be embedded into an application to provide a programmable interface.\n', 'Runs

anywhere, including Mac OS X, Windows, Linux, and Unix, with unofficial builds also available for Android and iOS.\n', "Is free software in two senses. It doesn't cost anything to download or use Python, or to include it in your application. Python can also be freely modified and re-distributed because while the language is copyrighted it's available under an open-source license."]

当我们调用 readlines() 方式时传入一个整型值 n，则表示要读取"最好"不超过 n 个字节的内容。形参 hint 表示"提示"，说明读取的总字节数并非真的总能不超过 n 个字节。而实际上，读取的行数会比总字节数不超过 hint 字节的情况下再多一行，即读取的内容除最后一行以外，总字节数不超过 hint 字节，但加上最后一行可能会超过 hint 字节。例如，文件中第一行的总字节数为 112 字节。尝试调用 readlines() 方法并传入 112，结果如例 8-9 所示。readlines() 方法读了两行内容。只算第一行内容的字节数的话，正好为 112 字节，还未超过 112 字节，于是又继续读了第 2 行，导致最终总字节数超过 112 字节。如果传入的值为小于 112 字节任意正整数，都将只会读取一行，如例 8-10 所示。

例 8-9 f.readlines(112) 应用案例。

```
1    f = open("file.txt")
2    lines = f.readlines(112)
3    print(len(lines))
4    print(lines)
```

执行结果如下所示：

```
2

['Python is a clear and powerful object-oriented programming language, comparable to Perl, Ruby, Scheme, or Java.\n', "Some of Python's notable features:\n"]
```

例 8-10 f.readlines(3) 应用案例。

```
1    f = open("file.txt")
2    lines = f.readlines(3)
3    print(len(lines))
4    print(lines)
```

执行结果如下所示：

```
1
['Python is a clear and powerful object-oriented programming language,compa-
rable to Perl,Ruby,Scheme,or Java.\n']
```

写文件的方法如表8-5所示。假设已创建对象为f。

表8-5　文件对象方法（写文件）

文件对象f的方法（写文件）	含义
f.write(s)	将字符串s写入文件。
f.writelines(lines)	将字符串列表lines的字符串元素写入文件。

write()方法的参数实际上可接收多种缓冲区类型的对象，字符串是最常用的参数类型。writelines()方法的参数是一个字符串列表，列表元素为行内容，与readlines()方法的返回值类似。

在文件的读写模式中，只有以只读模式打开的文件不支持写操作，其他任意一种读写模式都支持写操作。如果以只读模式打开文件并尝试写入内容，则会报错，表示该文件不可写。

例8-11　对只读文件写数据。

```
1    f = open("file.txt", "r")
2    f.write("hello")
3    f.close()
```

执行结果如下所示：

```
f.write("hello")
io.UnsupportedOperation: not writable
```

当以不同的打开模式打开文件时，初始读写位置会有所不同。不过需要注意的是，写操作发生在读写位置开始的地方。如果读写位置不是位于文件末尾，即读写位置开始的地方已存在一些内容。那么写操作就会覆盖其后的内容，如图8-4所示。

例8-12中，展示了一个写文件的调用过程。我们以"r+"模式打开文件"file.txt"。根据"r+"模式的含义可知，初始读写位置在文件的开头，且文件原内容不会被清空，内容为例8-4。此后，我们调用write()方法写入字符串"abc"。该函数返回成功写入的字节数。

在调用 close() 方法关闭文件之后，我们使用记事本软件查看该文件（当然也可使用 Python 文件操作再次打开文件来查看），其开头内容如图 8-8 所示。可见，原本开头的"Pyt"三个字符被我们写入的"abc"所取代，而后面的内容保持不变。

例 8-12　写文件示例。

```
1    f = open("file.txt", "r+")
2    f.write("abc")
3    f.close()
```

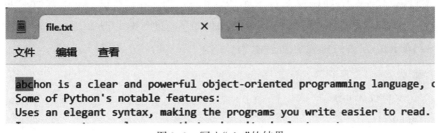

图 8-8　写入"abc"的结果

8.1.5　文件的定位

当我们打开一个文件，会产生一个读写位置。读写位置被表示为从文件内容第 0 个字节开始往后的 n 个字节的偏移值。所有的读写操作都会在这个读写位置发生。文件对象提供了两个读写位置相关的方法，如表 8-6 所示。假设已创建的文件对象为 f。

表 8-6　文件对象方法（文件的定位）

文件对象 f 的方法（文件的定位）	含义
f.tell()	返回当前读写位置。
f.seek(offset,whence=0)	定位（更新读写位置）。如果更新成功，则返回更新后的读写位置偏移。

方法 tell() 用来返回当前的读写位置。当我们以不同的打开模式打开文件时，会确定一个默认的读写位置。每一次读写操作，都会在读写位置发生，并会使读写位置向高偏移方向更新。例如，当我们以只读模式打开一个文件，则读写位置默认会在文件内容开头，即偏移值为 0 的位置。此时调用 tell() 函数，会返回当前读写位置的偏移值，即 0，如例 8-13 所示。

例 8-13　tell() 方法示例。

```
1    f=open("file.txt")
```

```
2    print(f.tell())
3    f.close()
```

执行结果如下所示：

```
0
```

当我们调用read(3)，即读取文件中3个字节的内容时，会从读写位置开始读取3个字节的字符，同时将读写位置更新到3字节之后的位置，如例8-14所示。

例8-14 tell()方法的位置更新后示例。

```
1    f = open("file.txt")
2    f.read(3)
3    print(f.tell())
4    f.close()
```

执行结果如下所示：

```
3
```

如果此时再调用read(7)读取7个字节的内容，则会从偏移为3字节的位置开始再读7个字节，然后更新读写位置再往后7个字节，即总共10字节的偏移位置，如例8-15所示。

例8-15 累计更新读位置示例。

```
1    f = open("file.txt")
2    f.read(3)
3    f.read(7)
4    print(f.tell())
5    f.close()
```

执行结果如下所示：

```
10
```

如果我们调用read()方式而不传入参数,那么就会从当前读写位置往后将所有内容全部读取,并且更新读写位置到文件末尾。此后再次读文件,将无内容可读,即返回空字符串,读写位置也不会再更新。

如果读写位置像这样一股脑地"向前冲"而不回头,那读过的内容难道就不能再读了吗?当然不是! seek()方法挺身而出:自定义设置读写位置。seek()方法有两个参数,一个参数offset表示你要定位的读写位置的偏移值。第二个参数whence表示如何计算偏移值。whence可接收的值及其含义如表8-7所示。

表8-7　whence的值及其含义

whence	含义
0	从文件开头计算偏移。offset通常设为非负值。
1	从当前读写位置开始计算偏移。
2	从文件末尾开始计算偏移。offset通常设为负值。

例8-16展示了一些seek()函数调用示例。当whence未设置时,则默认为0。这些调用对应的读写位置更新如图8-9所示。假设当前读写位置位于"compar"的最后一个字符之后。

例8-16　seek()方法调用示例。

```
1    seek(0)          #更新读写位置到文件开头
2    seek(10)         #更新读写位置为基于文件开头再增加10个字节的偏移
3    seek(10, 1)      #更新读写位置为基于原位置再增加10个字节的偏移
4    seek(-10, 1)     #更新读写位置为基于原位置再减小10个字节的偏移
5    seek(-10, 2)     #更新读写位置为基于文件末尾再减小10个字节的偏移
```

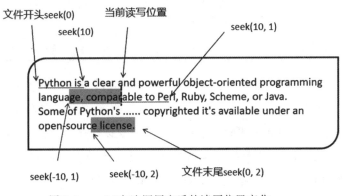

图8-9　seek()方法调用之后的读写位置变化

当使用 Python 2 时,你可以根据文件开头、当前读写位置或文件末尾自由地移动读写位置。但在使用 Pyhton 3 的时候,对于文本文件,它只允许你从文件开头更新非零的读写位置,或从当前位置或文件末尾更新零值的读写位置(即直接定位到当前位置或文件末尾)。如果想要根据当前读写位置或文件末尾来更新非零的读写位置,可以以二进制模式来打开文件。

还需要注意的一点是,以写追加模式打开的文件,其写入操作不受读写位置的约束,永远只会在文件的末尾写入数据。尽管如此,读写位置在该模式下打开的文件中还是存在的。

8.1.6　文件的刷新

文件被存储于磁盘等持久性存储设备中。而程序对文件的读写发生在内存中。操作系统为文件内容的传输创建了一个缓冲区。当程序对文件进行读写操作时,操作系统会将磁盘中的文件内容传输到缓冲区。然后,程序会从缓冲区请求数据,使数据被传输到程序执行环境中。读文件与写文件总共涉及四个过程,即缓冲、刷新、读、写,如图 8-5 所示,其概念已在 8.1.1 中详述。

当我们写文件时,数据会从程序执行环境写入缓冲区,但不会马上从缓冲区刷新到磁盘中。当我们使用记事本或其他应用软件查看该文件时,会发现内容没有发生变化。只有当操作系统将缓冲区的内容刷新到磁盘后,该文件的内容才真正发生改变。

读操作和写操作分别是由 read() 相关方法和 write() 相关方法所实现的。缓冲操作是操作系统自动完成的,应用程序无法干预。刷新操作尽管也是操作系统自动完成的,但是文件对象提供了一个方法,能使我们要求操作系统立马将缓冲区的数据传输到磁盘中。文件刷新的方法及其含义如表 8-8 所示,假设已创建的文件对象为 f。

表 8-8　文件对象方法(文件的刷新)

文件对象 f 的方法(文件的刷新)	含义
f.flush()	刷新 I/O 缓冲区,即将缓冲区的内容写入磁盘。

当以可写的打开模式打开一个文件并写入内容时,使用记事本软件打开该文件并查看,会发现内容没有变化。在调用 flush 方法之后,再次使用记事本软件打开该文件并查看,会发现内容发生了真正的更新。请读者自行完成该操作,切实体会 flush() 方法的功能。

调用 flush() 方法可以要求操作系统即可完成刷新操作。除此之外,在调用 close() 方法关闭文件的时候,也会使得操作系统即可完成刷新操作。

8.2　项目实施

任务 8-1　内容查找

扫码看微课

1. 任务描述

设计一个函数,能够实现在文件中查找指定内容的功能。文件内查找内容,就是给定一个文本文件和一个字符串,该函数在给定的文本文件中查找是否包含给定的字符串。

2. 任务分析

该函数需要接收两个参数,第一个参数表示需要进行查找的文本文件的路径,第二个参数是待查找的字符串。想要读取文件内容,首先需要打开文件,此后将文件内容读取到程序执行环境中,作为一个字符串值。那么,我们就可以在字符串中查找子串,通过这种方法变相地实现在文件中查找字符串内容的功能。如果文件中包含待查字符串,则返回 True,否则返回 False。

3. 任务实现

例 8-17　内容查找。

```
1    def search_content(file_path, string):
2        file = open(file_path)
3        content = file.read()
4        file.close()
5        if string in content:
6            return True
7        else:
8            return False
```

在例 8-17 中,我们定义了 search_content()函数,其包含两个形参 file_path 和 string。file_path 表示的是需要打开的文件的路径。string 表示的是待查找的字符串。在第 2 行,我们调用了 open()函数,并只传入了 file_path。因此,open()函数的其他参数都采用默认值,其中形参 mode 的值为 'rt'。因此,代码第 2 行会以只读模式和文本模式打开路径 file_path 指定的文件。代码第 3 行调用了文件对象的 read()方法,该调用会将文件内容全部返回,并以字符串值的形式赋给变量 content。代码第 4 行调用 close()关闭文件,因为我们不再需要操作文件,我们应该及时关闭文件,以免对共享数据的同步造成障碍。在代码第5行,我们使用容器内是否包含某元素的通用语法来实现在字符串中查找子串的逻辑。如果content中包含string,则返回True,否则返回False。

假设在工作目录下有一个文件"file.txt",其内容如例8-4所示。假设在文件中查找"implemented",则需要将文件"file.txt"的相对路径与字符串"implemented"传入search_content()函数。调用search_content()函数和执行结果如下所示。

```
search_content("file.txt", "implemented")    #调用函数
True                                          #运行结果
```

如果查找的字符串不在文件内容当中,则会返回False。例如,尝试在文件"file.txt"中查找字符串"study",则需要给search_content()函数传入"file.txt"和"study"。其调用结果如下所示。

```
search_content("file.txt", "study")    #调用函数
False                                   #运行结果
```

任务8-2 内容替换

扫码即享学习资源

1. 任务描述

设计一个函数,用指定内容替换文本文件中指定偏移的等长度内容,并写回文件中。

3. 任务分析

该函数需要接收三个参数,第一个参数表示需要进行写操作的文本文件的路径,第二个参数表示需要被替换内容的位置偏移,第三个参数表示待写入的字符串。为了对文件进行写操作,首先需要以可写的打开模式打开文件。可写的打开模式有很多种,包括"w"、"x"、"a"、"r+"、"w+"、"x+"和"a+"。由于该文件已存在,且不能清空其原有的所有内容,只是替换其中的部分内容,因此不可使用只写模式和独创模式打开文件。此外,如果以写追加模式打开文件,其写入内容的位置不受读写位置的约束,永远只能在文件末尾写入内容,因此在该任务中也不适合作为打开文件的打开模式。因此,我们在这里可以采用一种可读可写模式打开文件,例如"r+"。

当使用"r+"模式打开文件时,初始的文件读写位置在文件开头。不过我们可以使用seek()函数从文件开头向后定位读写位置。

通过文件对象的write()方法实现文件的写操作。该函数接收一个字符串参数,然后将文件内容从读写位置开始的与待写入内容等长度的内容覆盖。

3. 任务实现

例8-18 内容替换。

```
1    def replace_content(file_path, disp, string):
2        file = open(file_path, "r+")
3        file.seek(disp)
4        file.write(string)
5        file.close()
```

例8-18省略了所有错误检查的代码逻辑。假设传入disp不会超出文件的最大偏移,且待写入的字符串内容也不会超出文件的最大偏移。不过即使待写入的字符串内容超出了文件的最大偏移,程序也不会出错。写入操作会将待写入字符串超出的部分继续追加写到文件的末尾。

在例8-18中,我们以"r+"模式打开指定文件,然后通过调用seek()方法来定位指定的读写位置,然后使用write()方式将指定的字符串内容写入文件。该过程会覆盖当前读写位置开始的与string等长的原内容。最后,我们不再打算操作该文件了,因此调用close()关闭该文件。

假设在工作目录下有一个文件"file.txt",其内容如例8-4所示。假设将文件内容中第12字节开始的5个字节替换成"xxxxxx"。由例8-4可知,第12字节偏移位置开始的字符串为"clear"。执行该调用的调用语句如例8-19所示。

例8-19 调用replace_content()函数。

```
replace_content("file.txt",12,"xxxxxx")
```

调用该函数只会返回None。此时使用记事本软件打开"file.txt",可以看到,第12字节偏移位置开始的"clear"已经被替换成了"xxxxxx",如图8-10所示。

图8-10　replace_content("file.txt",12,"xxxxxx")的执行结果

任务8-3 计算文件大小

扫码即享学习资源

1. 任务描述

设计一个函数,返回文件的大小,即文件内容的总字节数。

2. 任务分析

该函数需要接收一个参数,表示文件的路径,该函数返回该文件的总字节数。

获取文件大小的方式有很多,通常会使用一些文件系统提供的接口来获取文件大小。有一种非常简单的方法,无须使用文件系统或操作系统的接口,即可快速获取文件的大小,且不会对文件内容造成任何影响,那就是使用读写位置的相关函数。例如,调用seek()函数定义到文件的末尾,然后调用tell()函数获取当前的读写位置的偏移值。文件末尾的读写位置的偏移值正是一整个文件的总字节数。

3. 任务实现

例8-20 计算文件大小。

```
1    def file_size(file_path):
2        file = open(file_path, 'r')
3        return file.seek(0, 2)
```

在例8-20中,我们以"r"模式打开指定文件,然后通过调用seek()方法将读写位置更新到文件的末尾。传入seek()的参数是0和2,表示将读写位置更新到从文件末尾开始计算的第0个字节处,也就是文件末尾处。该函数调用成功后,会返回更新之后的新的读写位置偏移,我们将其直接返回。在该函数中,我们没有显式地调用close()方法来关闭文件。然而,当该函数执行结束时,由于打开文件"file.txt"对应的文件对象变量file随着函数的结束而被销毁,使得该文件对象无它引用。因此,Python的垃圾回收机制会智能地帮你关闭文件,以释放资源。

假设在工作目录下有一个文件"file.txt",其内容如代码8-4所示。我们调用该函数来获取文件"file.txt"的大小。调用该函数和执行结果如下所示。

```
file_size("file.txt")              #调用函数
1298                               #执行结果
```

8.3　项目实训：用户注册与登录

查看参考代码

1. 项目描述

用户注册与登录是各类互联网产品的基本功能。例如，社交软件、购物平台、网课学习平台、金融交易平台等，都需要为每个用户注册一个个人账号。用户需要通过登录才能使用这些应用软件或网站的个性化功能。通常，用户信息会被存储于服务器端的数据库中。用户注册的过程，就是在数据库中添加一条记录；用户登录的过程，就是在数据库中查找并匹配相关的记录。此外，用户账号通常会有一个密码，密码会经过加密之后再存入数据库中。

在本项目中，我们将实现一个简易的用户注册与登录系统，使用文件来存储用户账号的信息。用户账号的信息包括账号名和密码。其中密码使用明文来保存。

用户注册与登录的程序大致流程如图 8-11 所示。程序首先接收用户指令：注册或登录，并做出相应操作。程序通过输出表明注册成功或失败、登录成功或失败。请根据流程图提示设计一个基于文件存储的用户注册与登录系统。

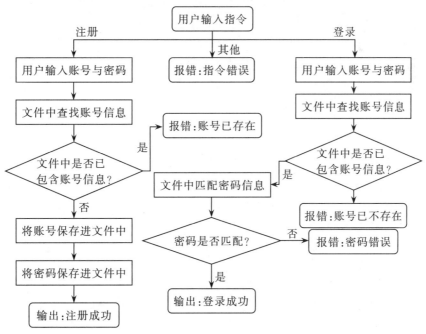

图 8-11　用户注册与登录大致流程图

2. 项目分析

为了简单处理，我们使用两个文件分别保存用户的账号名信息和密码信息。例如，使用文件"user.txt"来保存用户账号名信息,使用文件"password.txt"来保存用户密码信息。两个文件中同一行号的信息表示为同一个用户的信息。

用户注册就是在两个文件中分别添加一个账号名记录和密码记录。账号名与密码都是由用户输入的。用户登录就是在两个文件中查找该用户的信息。首先在"user.txt"中查找指定账号名。如果成功找到,则读取"password.txt"相同行的密码信息,与用户输入的密码相比较。如果密码匹配,则登录成功。如果账户名在"user.txt"中不存在,或密码匹配失败,则需要给出相应的报错,表示登录失败。

用户注册与登录系统的代码框架如例8-21所示。

例8-21 用户注册与登录系统的代码框架。

```
1    def login(user, password):
2        #请在此补充代码:
3        #在文件"user.txt"中查找 user
4        #如果找不到 user,则报错,打印"user not found"
5        #如果成功找到,则读取文件"password.txt"中相同行的密码字符串,与
             password 相比较,如果匹配成功,则登录成功,打印"login success"
6        #如果匹配不成功,则报错,打印"password error"
7
8    def register(user, password):
9        #请在此补充代码:
10       #在文件"user.txt"中查找 user
11       #如果找到 user,则报错,打印"user has registered"
12       #如果找不到 user,在"user.txt"中添加一条记录
13       #同时将 password 添加到"password.txt"末尾
14       #完成写入两个文件的操作之后,打印"register success"
15
16   if __name__ == "__main__":
17       command = input("command: ")
18       if command! = "login" and command != "register":
19           print("command error")
20       else:
21           user = input("user: ")
22           password = input("password: ")
23           if command == "login":
```

```
24                login(user, password)
25          elif command == "register":
26                register(user, password)
```

假设,文件"user.txt"中的内容如例8-22所示,文件"password.txt"中的内容如例8-23所示。这两个文件的内容表示:当前已注册三个账号,分别为Amy、Bob、Candy,其对应的密码分别为123456、13579、24680。

例8-22 文件"user.txt"中的内容。

```
1    Amy
2    Bob
3    Candy
```

例8-23 文件"password.txt"中的内容。

```
1    123456
2    13579
3    24680
```

当尝试用账号Amy和密码123456进行登录时,其执行结果如下所示。

```
command:login
user:Amy
password:123456
login success
```

当尝试用账号Amy和错误的密码进行登录时,其执行结果如下所示。

```
command:login
user:Amy
password:123
password error
```

当尝试用未注册的账号进行登录时,其执行结果如下所示。

```
command:login
user:David
password:123
user  not  found
```

当尝试用账号名David和密码888888进行注册时,其执行结果如下所示。

```
command:register
user:David
password:888888
register  success
```

此外,打开文件"user.txt"和"password.txt",将会看到添加了一条关于David的账号和密码记录。

当尝试用已注册的账号进行注册时,其执行结果将如下所示。

```
command:register
user:Amy
password:123
user  hasr  egistered
```

当尝试输入错误指令时,其执行结果如下所示。

```
command:abc
command  error
```

3. 做一做

学生根据本章的知识点,补全上述代码,独立完成本实训。

8.4 思政讲堂:软件开发者的使命与担当

作为国家信息化建设和数字化转型的重要推动力量,软件开发者不仅需要具备专业

技能和职业操守,还需要具备家国情怀,为国家的信息化建设和数字化转型做出贡献。以下是软件开发者应该具备的家国情怀:

技术服务于国家战略:软件开发者应该对国家信息化建设和数字化转型有深刻的认识,了解国家战略和政策,将自己的技术能力应用于服务国家的发展和建设。

技术成果造福社会:软件开发者应该注重技术应用和社会价值,将自己的技术成果转化为真正的社会福利,为人民群众带来更好的生活体验和更高的生产效率。

守护国家数据安全:软件开发者应该注重数据安全和隐私保护,遵守法律法规,保护国家的数据安全和信息安全,为国家安全发展作出贡献。

持续学习提升:软件开发者应该持续学习和不断提升自己的技术能力,为国家的信息化建设和数字化转型贡献自己的聪明才智。

传承工程师文化:软件开发者应该传承和弘扬工程师的精神和文化,尊重职业操守和职业道德,注重团队协作和知识共享,为工程师文化的发展和传承做出贡献。

8.5　项目小结

本章主要介绍了 Python 文件对象的基础知识,首先介绍了文件的基本概念,包括目录树、文件路径和文件的读写原理,然后介绍了 Python 文件对象的基本操作,包括打开文件、关闭文件、文件的读写、文件的定义和文件的刷新。

8.6　练习题

一、单选题

1. 打开一个已创建的文件,不清空原有内容,只在文件末尾添加新的内容,正确的打开模式是(　　)。

    A. 'r'　　　　　　　B. 'w'　　　　　　　C. 'x'　　　　　　　D. 'a'

2. 打开一个已创建的文件,如果文件不存在,则会报错,那么打开该文件的打开模式可能是(　　)。

    A. 'r'　　　　　　　B. 'w'　　　　　　　C. 'a'　　　　　　　D. 'w+'

3. 以下文件对象的方法中,用于向文件中写入内容的方法是(　　)。

    A. open　　　　　B. seek　　　　　C. write　　　　　D. tell

4. 执行 f=open("abc.txt"),其读写位置初始位于(　　)。

    A. 文件开头　　　B. 文件末尾　　　C. 随机位置　　　D. 未定义

5. 文件路径"abc.txt",表示该文件可能位于(　　)。

    A. Python 解释器的安装路径下　　　　B. 当前工作目录下

    C. C 盘根目录下　　　　　　　　　　D. D 盘根目录下

6. read()方法用来读取文件中的内容,当不设置其形参size的值,则size的默认值为:

A. −1　　　　　　　　　　　　　　　B. 0

C. 文件的字节数　　　　　　　　　　D. 缓冲区的大小

二、判断题

1. 打开文件的默认打开模式是只读模式和文本模式。　　　　　　　　　　（　　　）

2. 当使用write()方法对文件进行写操作时,会清空文件的全部内容。　　（　　　）

3. 当使用write()方法对文件进行写操作时,文件内容会即刻保存在磁盘里。（　　　）

4. 当以文本模式打开一个非文本编码的二进制文件时,无法从中读取内容。（　　　）

5. 想要读写文件的内容,首先必须打开它。　　　　　　　　　　　　　　（　　　）

三、简答题

1. 列出文件的所有打开模式并描述其含义。

2. 简述文本文件与二进制文件的区别。

3. 简述文件中读写位置的作用。

四、填空题

1.在打开文件并操作结束之后,应当调用_____方法来关闭文件,以释放内存资源。

2.在打开文件之后,_____方法可以获取当前的读写位置。

3.在打开文件之后,_____方法可以将更新的文件内容刷新到磁盘中。

五、编程题

1. 编写一个程序,能够将英文文本文件中每句话的第一个单词的首字母改写为大写字母。

2. 编写一个程序,能够将英文文本文件中指定单词替换成另一个单词。两个单词的长度未必相等。

3. 编写一个程序,实现copy命令的功能。copy命令是一个文件复制命令,它能够将任何指定的文本文件或二进制文件复制到目标路径下。

4. 文本按行拆分程序是一个能够按照指定行数对文本文件内容进行拆分的程序。例如,给定一个包含100行内容的文本文件。如果指定拆分行数为30行,那么需要将单个原始文件拆分成4个子文件,其中前3个子文件中,每个子文件依次对应原始文件的30行内容,最后一个子文件对应原始文件的最后10行内容。请按题目要求实现文件按行拆分程序。

5. 文件按字节拆分程序是一个能够按照指定字节数对文本文件或二进制文件内容进行拆分的程序。例如,给定一个包含100KB内容的文件。如果指定拆分字节数为30KB,那么需要单个原始文件拆分成4个子文件,其中前3个子文件中,每个子文件依次对应原始文件的30KB内容,最后一个子文件对应原始文件的最后10KB内容。请按题目要求实现文件按字节拆分程序。

项目9 异常处理

项目导入：程序运行中，经常会出现一些错误，当Python检测到这些错误时会停止程序的执行，导致无法正常处理程序，此时就会出现异常。如果这些异常不加以处理，可能会影响程序运行，严重时会导致系统崩溃。与其他高级语言一样，Python也提供了这些异常的处理机制，即先捕获再处理，让程序按照预先设定的路径执行。

职业能力目标与要求：

⇨ 了解异常的概念	⇨ 掌握处理异常的三种语句
⇨ 掌握raise语句的使用方法	⇨ 掌握用户自定义异常的方法
⇨ 能根据实际问题处理异常	

课程思政目标与案例：

⇨ 发扬自主创新和技术自立精神	⇨ 龙芯的发展历程和现状

9.1 知识准备

9.1.1 异常概述

异常（Exception）是指程序在执行过程中出现的错误情况，这些情况的发生中断了程序指令的正常执行，如常见的非法操作码、地址越界、算术溢出、文件不存在等。当异常发生时，Python解释器将在控制台输出异常出现的堆栈信息并终止程序的运行。Python语言中异常分为内置异常和用户自定义异常（详见9.1.4节）。其中，常见的内置异常如表9-1所示。

表9-1 常见的内置异常

异常名称	描述
IndexError	索引超出序列范围
NameError	未声明/初始化对象
IndentationError	缩进错误
SyntaxError	语法错误

续表

异常名称	描述
TypeError	对类型无效的操作
ImportError	导入模块/对象失败
ZeroDivisionError	除数为零
ValueError	无效参数
DeprecationWarning	关于被弃用的特征的警告
RuntimeError	运行时错误
MemoryError	内存溢出错误
IOError	输入/输出操作失败
FileNotFoundError	文件不存在
AttributeError	访问的对象属性不存在

在 Python 3 中,所有的异常均继承至 BaseException 类,也就是说 BaseException 是所有异常的基类。Exception 是除了 SystemExit、GeneratorExit 和 KeyboardInterrupt 之外的所有内置异常的基类。

例 9-1 除法运算。

```
1    a = 5
2    b = 0
3    c = a/b
4    print(c)
```

执行上面的程序代码,运行结果如下。

```
    c = a/b
ZeroDivisionError: division by zero
```

在例 9-1 中,程序抛出了 ZeroDivisionError 异常,并终止了运行。

例 9-2 操作文件。

```
1    file = "test.txt"
2    fp = open(file, 'rb')
```

执行上面的程序代码,运行结果如下。

```
   fp = open(file,'rb')
FileNotFoundError: [Errno 2] No such file or directory: 'test.txt'
```

在例 9-2 中,程序抛出了 FileNotFoundError 异常,并终止了运行。

9.1.2　异常处理语句

当程序中出现异常时,程序就会抛出异常信息并终止运行。如果要避免程序终止,就需要在可能出现异常的位置进行处理,即先捕获异常,再通过预先设定的代码让程序继续运行,这种根据异常做出的逻辑处理叫作异常处理。Python 提供了以下三种异常处理语句。

1. try...except 语句

Python 提供了 try...except 语句块捕获并处理异常,其基本语法结构如下所示。

```
try:
    可能产生异常的代码块
except [ exceptionName1 [as e]]:
    处理异常的代码块 1
except [ exceptionName2 [as e]]:
    处理异常的代码块 2
...
```

上面格式中,[]表示可选项。其参数说明如下。

★exceptionName1、exceptionName2:指定具体要捕获的异常类型。

★as e:为当前异常指定一个别名,方便后续调用。

> 注意如果 except 关键字后并未指定具体要捕获的异常类型,这种表示可捕获所有类型的异常,也是合法的。

例 9-3　除法运算的异常处理。

```
1    try:
2        a = int(input('请输入被除数:'))
```

```
3        b = int(input('请输入除数:'))
4        c = a / b
5        print(c)
6    except ZeroDivisionError:
7        print("除数不能为0")
8    except ValueError:
9        print('输入数据类型有误')
10   except:
11       print('其他错误')
```

当输入被除数为5,除数为1时,运行结果如下。

```
请输入被除数:5
请输入除数:1
5.0
```

当输入被除数为5,除数为0时,运行结果如下。

```
请输入被除数:5
请输入除数:0
除数不能为0
```

当输入被除数或除数含字母时,运行结果如下。

```
请输入被除数:a
输入数据类型有误
```

在例9-3中,第6行指定了所捕获的异常类型ZeroDivisionError;第8行指定了所捕获的异常类型为ValueError;第10行只有except关键字,并未指定具体要捕获的异常类型,表示可捕获所有类型的异常。从运行结果来看,当输入除数为0时,引发了ZeroDivision-Error异常,此时except捕获了此异常,并输出"除数不能为0";当输入被除数或除数含字母时,引发ValueError异常,此时except捕获此异常,并输出"请输入数字格式有误"。

上述例子中,except语句不指明异常类型,则表示可捕获所有类型的异常。Python还提供了另外一种捕获所有异常的方法,即except关键字后使用Exception类,由于Exception是所有内置异常的基类,因此可以捕获所有类型的异常。

例9-4 利用基类Exception捕获所有类型的异常。

```
1    try:
2        a = int(input('请输入被除数:'))
3        b = int(input('请输入除数:'))
4        c = a / b
5        print(c)
6    except Exception as e:
7        print("输入有误:",e)
```

当输入被除数为5,除数为1时,运行结果如下。

```
请输入被除数:5
请输入除数:1
5.0
```

当输入被除数为5,除数为0时,运行结果如下。

```
请输入被除数:5
请输入除数:0
输入有误: division by zero
```

当输入被除数或除数含字母时,运行结果如下。

```
请输入被除数:a
输入有误: invalid literal for int() with base 10: 'a'
```

在例9-4中,第6行使用Exception捕获所有类型的异常,并为Exception异常指定了一个别名e;第10行打印e返回异常信息。

2. try...except...else语句

Python还提供了另外一种异常处理语句块,即try...except...else语句块,在原来try...except语句块的基础上再添加一个else块,其基本语法结构如下所示。

```
try:
    可能产生异常的代码块
except [ exceptionName1 [ as e]] :
    处理异常的代码块 1
except [ exceptionName2 [ as e]] :
    处理异常的代码块 2
…
else:
    未出现异常的代码块
```

当 try 块没有捕获到任何异常时，else 语句块中的代码才会得到执行；反之，如果 try 块捕获到异常，将调用对应的 except 处理完异常，else 块中的代码不会得到执行。

例 9-5　try...except...else 语句示例。

```
1   try:
2       a = 10
3       b = int(input('请输入除数:'))
4       c = a / b
5       print(c)
6   except ZeroDivisionError:
7       print("除数不能为0")
8   except ValueError:
9       print('输入数据类型有误')
10  else:
11      print('没有异常,程序结束')
```

执行上面的程序代码，运行结果如下。

```
请输入除数:5
2.0
没有异常,程序结束
```

在例 9-5 中，在原来的 try...except 基础上添加了 else 语句块，当输入正确的数据时，try

块中的代码没有出现任何异常后,else 语句块中代码将会被执行,输出"没有异常,程序结束"。

3. try...except...finally 语句

在 try...except...finally 语句块中,无论 try 语句块中代码是否发生异常,都会执行 finally 语句块中的代码。其基本语法结构如下所示。

```
try:
    可能产生异常的代码块
except [ exceptionName1 [ as e]] :
    处理异常的代码块 1
except [ exceptionName2 [ as e]] :
    处理异常的代码块 2
...
finally:
    无论是否发生异常,都会被执行的代码块
```

基于 finally 语句的特性,通常将一些物理资源回收工作放到 finally 块中,如内存释放、文件关闭、数据库关闭、网络资源释放等。

例 9-6 try...except...finally 语句示例。

```
1   try:
2       fileName = "test.txt"
3       file = None
4       file = open(fileName, 'r+')
5       data = int(input("请输入一个数字:"))
6       file.write(str(data))
7   except FileNotFoundError:
8       print("文件不存在")
9   except ValueError:
10      print('输入数据类型有误')
11  except:
12      print("其他错误")
```

```
13   else:
14       print("文件写入成功")
15   finally:
16       print("文件已关闭")
17       if file != None:
18           file.close()
```

执行上面的程序代码,运行结果如下。

```
请输入一个数字:1234
文件写入成功
文件已关闭
```

再次执行上面的程序代码,运行结果如下。

```
请输入一个数字:www
输入数据类型有误
文件已关闭
```

在例9-6中,当输入数据时,无论try语句块中的代码出不出现异常,finally语句块中代码都将会被执行,输出"文件已关闭",关闭文件。从运行结果可以看出,当try语句块中代码未出现异常时,except语句块中代码不会执行,else语句块和finally语句块中的代码会被执行;当try语句块中代码出现异常时,except语句块中代码会执行,else语句块中的代码不会执行,但finally语句块中的代码仍然执行。

9.1.3　抛出异常

Python允许用户使用raise语句主动抛出异常,这类主动抛出的异常是程序正常运行的结果,主要用以满足应用程序特有的业务需求。其基本语法结构如下所示。

```
raise [exceptionName[(reason)]]
```

上面格式中,[]表示可选项。其参数说明如下。

★exceptionName:表示指定抛出的异常类型。

★reason:表示异常信息的相关描述。

使用raise语句抛出指定异常时,须使用try-except语句捕获抛出的异常,否则程序会终止,并显示异常信息。raise语句有如下三种常用的用法。

1. raise exceptionName(reason)

exceptionName和reason都存在,在引发指定类型的异常的同时,附带异常的描述信息。

例9-7 使用raise主动抛出异常示例1。

```
1    try:
2        code = input("请输入邮编:")
3        #判断邮编是否为数字
4        if not code.isdigit():
5            raise Exception("邮编必须为数字")
6        # 判断邮编是否为6位
7        if len(code) != 6:
8            raise Exception("邮编必须为6位")
9    except Exception as e:
10       print("引发异常:",e)
```

执行上面的程序代码,运行结果如下。

```
请输入邮编:a
引发异常:邮编必须为数字
```

再次执行上面的程序代码,运行结果如下。

```
请输入邮编:123
引发异常:邮编必须为6位
```

在例9-7中,第5行和第8行使用raise语句主动抛出了Exception异常,并附带了异常的描述信息。从运行结果可以看出,当输入错误的邮编格式时,程序捕获了主动抛出的异常并输出了设置的异常描述信息。

2. raise exceptionName

reason缺省,raise后只带一个异常类型,无异常描述信息。

例9-8 使用raise主动抛出异常示例2。

```
1    try:
2        code = input("请输入邮编:")
3        #判断邮编是否为数字
4        if not code.isdigit():
5            raise Exception
6        #判断邮编是否为6位
7        if len(code) != 6:
8            raise Exception
9    except Exception as e:
10       print("引发异常:",e)
```

执行上面的程序代码,运行结果如下。

```
请输入邮编:2
引发异常:
```

再次执行上面的程序代码,运行结果如下。

```
请输入邮编:a
引发异常:
```

在例9-8中,第5行和第8行使用了raise语句主动抛出了Exception异常,但未附带异常的描述信息。从运行结果可以看出,当输入错误的邮编格式时,程序虽然捕获了主动抛出的异常但并未输出任何异常描述信息。

3. raise

单独一个raise,exceptionName和reason都缺省,重新引发当前上下文中捕获的异常。

例9-9 使用raise主动抛出异常示例3。

```
1    try:
2        code = input("请输入邮编: ")
3        #判断邮编是否为数字
```

```
4        if not code.isdigit():
5            raise Exception("邮编必须是数字")
6        #判断邮编是否为6位
7        if len(code) != 6:
8            raise Exception("邮编必须为6位")
9    except Exception as e:
10       print("引发异常:",e)
11       raise
```

执行上面的程序代码,运行结果如下。

```
请输入邮编: 1
引发异常:  邮编必须为6位
Traceback (most recent calll ast):
  File "D:\PycharmProjects\pythonProject\例9-7.py", line 8, in<module>
    raise Exception("邮编必须为6位")
Exception:  邮编必须为6位
```

在例9-9中,第5行和第8行使用raise语句主动抛出了Exception异常,并附带了异常的描述信息。第11行使用单独的raise语句再次引发刚才捕获的异常。

9.1.4 自定义异常类

前面学习的异常类型都是Python提供的内置异常,虽然大部分的场景可以描述,但对于特殊的场景可能无法识别,此时需要用户创建自定义异常类,使系统能够识别异常并进行处理。

自定义异常类须继承自Exception类,可以直接继承,也可以间接继承,通过构造方法初始化异常类对象。此外,与Python内置异常不同的是,自定义异常类的抛出时机可以由用户自主决定,即使用raise语句抛出,再通过异常处理语句捕获自定义异常并输出异常信息。

> 注意虽然BaseException是Exception的基类,但如果继承BaseException类可能会导致自定义异常不会被捕获。具体原因请大家自行查找资料。

例9-10 用户自定义异常类。

```
1    #自定义异常类 MyError ,继承基类 Exception
2    class MyError(Exception):
3        def __init__(self, value):
4            self.value = value
5    try:
6        num = input("请输入数字:")
7        if not num.isdigit():      #判断输入的是否是数字
8            raise MyError(num) #输入的如果不是数字,手动指定抛出自定义异常
9    except MyError as e:
10       print("自定义异常:请输入数字。您输入的是:", e.value)
```

执行上面的程序代码,运行结果如下。

```
请输入数字:a
自定义异常:请输入数字。您输入的是:a
```

在例9-10中,定义了一个自定异常类MyError,继承自Exception类。第5-10行,在try语句块中对用户输入的数字格式进行检测,若格式不正确手动抛出MyError自定义异常,并使用except语句块捕获异常信息。

9.2 项目实施

任务9-1 图像预处理

扫码看微课

1. 任务描述

Python程序从图片中提取信息时,往往需要对图像进行一些预处理操作,如裁剪、二值化、旋转等,以消除图像中无关的信息,从而提高应用程序的性能。本任务将带领大家利用异常基本概念、异常处理语句等内容,实现"图像预处理"。

2. 任务分析

(1)图像的基本处理

使用Python提供的第三方图像处理库PIL。首次使用PIL库时,需要进行安装,安装

命令如下。

```
pip install Pillow
```

安装完成之后,可以在Python的开发环境输入以下代码,测试Pillow是否安装成功,以及查看相应的版本号。

```
from PIL import Image
print(Image.VERSION)
```

(2)异常处理

在try语句块中使用PIL库对图像进行裁剪、二值化、旋转以及保存操作,并使用except语句块捕获FileNotFoundError(图片不存在)异常、NameError(未定义变量)异常等,最终通过finally语句块关闭图片资源文件。

3. 任务实现

例9-11 图像预处理。

```
1   from PIL import Image
2   try:
3       img = Image.open('python.jpg')      #图片路径
4       #大小统一调整为300*300
5       img = img.resize((300, 300), Image.Resampling.LANCZOS)
6       img = img.convert('L')              #二值化处理
7       img = img.rotate(90)                #旋转90度
8       img.save("python1.jpg")            #保存图片名为python1.jpg
9   except FileNotFoundError:
10      print("图片不存在,请检查图片的路径")
11  except NameError:
12      print("未定义变量")
13  except:
14      print("其他异常")
15  else:
16      print("图片预处理成功")
```

```
17   finally:
18       print("图片预处理结束")
19       img.close()
```

执行上面的程序代码,运行结果如下。

```
图片预处理成功
图片预处理结束
```

当所打开的文件不存在时,再次执行上面的程序代码,运行结果如下。

```
图片不存在,请检查图片的路径
图片预处理结束
```

任务9-2　猜数字游戏

扫码看微课

1. 任务描述

程序随机生成一个100以内的整数,用户通过键盘输入猜测数字,如果输入的猜测数字小于生成数,提示"您输入的数字过小,请重新输入!";反之,如果输入的猜测数字大于生成数,提示"您输入的数字过大,请重新输入!"。用户循环输入,直到猜中生成数,游戏结束。本任务将带领大家利用主动抛出异常、自定义异常类等内容,实现"猜数字游戏"。

2. 任务分析

(1)随机数生成

使用random模块中的randint()方法。random的用法如下。

```
a = random.randint(m,n)
```

其中,参数m是下限,参数n是上限,生成的随机数a的范围为[m,n]。

(2)用户循环输入

使用while循环控制用户的输入,直到用户猜中生成数,通过break关键字结束循环。

（3）自定义异常类

创建三个自定义异常类 InputTooSmallError(输入值过小异常)、InputTooLargeError(输入值过大异常)、NotIntDigitError(不是整数异常)，均继承自 Exception 类。在 try 语句块中对用户输入的数字进行检测，若用户输入值过小则抛出 InputTooSmallError 异常，若用户输入值过大则抛出 InputTooLargeError 异常，若用户输入格式不正确则抛出 NotIntDigitError 自定义异常，并使用 except 语句块捕获这三个异常信息。

3. 任务实现

例9-12 猜数字游戏。

```
1    #自定义异常类:输入值过小
2    class InputTooSmallError(Exception):
3        pass
4    #自定义异常类:输入值过大
5    class InputTooLargeError(Exception):
6        pass
7    #自定义异常类:必须为整数
8    class NotIntDigitError(Exception):
9        pass
10   import random
11   number = random.randint(1, 100) #生成数
12   while True:
13       try:
14           num = input("输入猜测的数字：")
15           if not num.isdigit():        #判断输入的是否是数字
16               raise NotIntDigitError(num)
17               continue
18           else:
19               num = int(num)
20               if num < number:    #判断输入数字是否过小
21                   raise InputTooSmallError(num)
22               elif num > number:    #判断输入数字是否过大
23                   raise InputTooLargeError(num)
```

```
24              break
25      except  NotIntDigitError:
26          print("您输入的格式有问题,请输入整数！")
27      except  InputTooSmallError:
28          print("您输入的数字过小,请重新输入！")
29      except  InputTooLargeError:
30          print("您输入的数字过大,请重新输入！")
31  print("恭喜！ 您猜对了")
```

执行上面的程序代码,运行结果如下。

```
输入猜测的数字:66
您输入的数字过小,请重新输入！
输入猜测的数字:89
您输入的数字过小,请重新输入！
输入猜测的数字:99
您输入的数字过大,请重新输入！
输入猜测的数字:95
您输入的数字过大,请重新输入！
输入猜测的数字:a
您输入的格式有问题,请输入整数！
输入猜测的数字:93.1
您输入的格式有问题,请输入整数！
输入猜测的数字:93
您输入的数字过大,请重新输入！
输入猜测的数字:91
恭喜！ 您猜对了
```

9.3 项目实训:账号注册系统

查看参考代码

1. 项目描述

利用异常处理实现账号注册系统。在该系统中,用户注册一般包括用户名注册和密码注册,无论哪一种注册,都有自己对应的规则。具体规则如下。

★用户名规则:用户名长度为6~12位,且只能由字母和数字组成,不能出现特殊字符。

★密码规则:密码长度为8~16位,且只能由字母和数字组成,不能出现特殊字符。

用户注册时,程序需要判断输入的用户名和密码是否符合规则,如果不符合,抛出相对应的异常信息,程序继续运行,直到注册成功,如图9-1所示。

```
D:\Anaconda3\envs\test\python.exe D:\PycharmProjects\pythonProject\账号注册系统.py
请输入用户名: 123
请输入密码: yuyao
用户名长度为6-12位,请重新输入!
请输入用户名: liuyuyao123
请输入密码: yuadlscm
密码只能由字母和数字组成,请重新输入!
请输入用户名: liuyuyao123
请输入密码: yuyao123cxz
恭喜您,注册成功!
```

图9-1　账号注册系统

2.项目分析

(1)注册函数

创建注册函数,命名为register。在该函数中,通过控制台接收用户输入的用户名和密码,并判断其是否符合已设置的用户名和密码规则,如果不符合,则通过raise语句抛出异常。register()函数部分代码如下。

```
def register():
    user = input("请输入用户名:")
    pwd = input("请输入密码:")
    """
    用户名检测
    1.用户名长度为6-12位
    2.用户名只能由字母和数字组成
    """

    """
    密码检测
    1.密码长度为8-16位
    2.密码只能由字母和数字组成
    """
```

（2）主函数

编写程序入口,调用函数register()进行用户名和密码注册,并使用异常处理语句捕获异常。具体代码如下。

```python
if __name__ == "__main__":
    while True:
        try:
            register()    #调用注册函数
            break
        except Exception as e:    #异常处理
            print(e)
    print("恭喜您,注册成功！")
```

3. 项目实现

学生根据本章的知识点,补全上述代码,独立完成本实训。

9.4　思政课堂:龙芯的发展历程和现状

龙芯是中国自主研发的CPU芯片,是中国开发高性能处理器的重要项目之一。早在1996年,中国科学院计算技术研究所(ICT)就开始了龙芯处理器的研发工作。2002年,第一款龙芯CPU正式发布,主要用于嵌入式系统和工控领域。

随着中国计算机产业的迅速发展,龙芯逐渐成为中国自主CPU的代表品牌。2010年,龙芯CPU的第三代产品发布,具有64位多核心处理器和SIMD指令扩展等新特性,性能已经达到了业界领先水平。2011年,中国天河一号超级计算机采用龙芯处理器和NVIDIAGPU加速卡的混合结构,成为当时世界上最快的超级计算机。

目前,龙芯CPU已经应用于航天、国防、金融、教育等领域,并逐渐拓展到服务器、云计算和高性能计算等领域。龙芯的发展不仅提升了中国计算机产业的水平,也为中国在信息安全领域的自主创新提供了重要支持。

9.5　项目小结

本章首先介绍了异常基本概念以及Python常见的内置异常类,然后介绍了异常处理语句包括try...except语句、try...except...else语句及try...except...finally语句,最后介绍了使用raise语句抛出异常以及自定义异常类等内容。以任务"图像预处理"讲解了异常基本概念和异常处理语句的具体应用,以"猜数字游戏"讲解了主动抛出异常和自定义异常类的具体应用。

9.6　练习题

一、单选题

1. 关于异常处理的概述,下列选项中描述错误的是　　　　　　　　　　　(　)

    A. 异常是指在程序执行期间发生并中断程序指令正常流程的事件

    B. 异常发生经过妥善处理程序可以继续执行

    C. 捕获到的异常只能在当前方法中处理,不能在其他方法中处理

    D. 异常处理对于程序的健壮性和稳定性非常重要

2. 内置异常 NameError 表示　　　　　　　　　　　　　　　　　　　(　)

    A. 名字错误　　　　　　　　　　B. 未声明/初始化对象

    C. 语法错误　　　　　　　　　　D. 无效参数

3. 下列异常处理语句错误的是　　　　　　　　　　　　　　　　　　　(　)

    A. try...except　　　　　　　　B. try...except...except...else

    C. try...except...finally...else　D. try...except...finally

4. 关于用户自定义异常类描述错误的是　　　　　　　　　　　　　　　(　)

    A. 自定义异常类需要继承 Exception 类

    B. 通过 raise 语句抛出自定义异常

    C. 自定义异常类也可以继承 BaseException 类

    D. 自定义异常类通常用于特殊的场景

5. 执行下列代码,程序将会抛出哪类异常?　　　　　　　　　　　　　　(　)

```
a = [1, 2]
print(a[2])
```

    A. IndexError　　　　　　　　　B. TypeError

    C. SyntaxError　　　　　　　　D. IOError

二、判断题

1. 程序中出现异常与代码执行流程有关。　　　　　　　　　　　　　　　(　)

2. try 语句块有且仅有一个,但 except 语句块可以有多个,且每个 except 块都可以同时处理多种异常。　　　　　　　　　　　　　　　　　　　　　　　　(　)

3. Python 使用 raise 语句抛出异常。　　　　　　　　　　　　　　　　　(　)

4. 在 try...except...else 结构中，如果 try 块的语句引发了异常则会执行 else 块中的代码。

（　　　）

5. 在 Python 的异常处理语句 try...except...finally 中，except 语句块和 finally 语句块都可以缺省。（　　　）

6. 异常处理语句中的 finally 语句块中代码仍然有可能出错从而再次引发异常。（　　　）

三、简答题

1. 什么是异常，异常与 Bug 的区别？

2. Python 提供了哪几种异常处理语句？

3. 简述 Python 中 raise 语句的作用。

四、编程题

1. 定义一个自定义异常类 AgeException，用于检测年龄的合法性。用户通过键盘输入的年龄小于 0 或者大于 200，则抛出 AgeException 异常，捕获到异常后输出"年龄不合法"。

2. 从键盘输入 10 个数，并求它们的平均值。如果输入错误，抛出异常，程序继续运行，如图 9-2 所示。

```
D:\Anaconda3\envs\test\python.exe D:\PycharmProjects\pythonProject\异常处理练习4-2.py
请输入第1个数：23
请输入第2个数：34
请输入第3个数：23
请输入第4个数：asd
输入错误，请输入数字！
请输入第4个数：6
请输入第5个数：7
请输入第6个数：sv1
输入错误，请输入数字！
请输入第6个数：7
请输入第7个数：6
请输入第8个数：32
请输入第9个数：11
请输入第10个数：123dv
输入错误，请输入数字！
请输入第10个数：10
平均数为：15.9
```

图 9-2　求平均值

项目10　图形用户界面编程

项目导入: 在现代软件开发中,界面设计是至关重要的一环。好的界面设计可以使用户体验更加友好、舒适,从而提升用户对软件的满意度。而 Python 作为一种功能强大、易学易用的编程语言,也拥有着丰富的图形界面设计库,如 Tkinter、PyQt等。

在本项目中,我们将学习如何使用 Python 的图形界面设计库创建简单的桌面应用程序界面,通过界面的设计,掌握各组件的使用方法和技巧,为后续项目做好准备。通过这个项目,我们不仅可以深入了解 Python 的图形界面设计库,还能体验到界面设计对软件开发的重要性。

职业能力目标与要求:	
⇨ 了解 Python 图形用户界面开发工具	⇨ 掌握事件处理方式
⇨ 掌握使用 tkinter 基本组件	⇨ 了解几何布局管理器
课程思政目标与要求:	
⇨ 发扬爱岗敬业精神,践行社会主义核心价值观	⇨ 中国劳模——劳动创造价值,追求卓越的代表

10.1　知识准备

10.1.1　认识 GUI 和 tkinter

图形化用户界面(Graphical User Interfaces,GUI)是开发一款软件必不可少的组成部分,通过它可以实现和软件程序进行便捷交互。在早期,人们和计算机进行交流基本都是在命令提示符下通过输入命令的形式进行,而 GUI 帮助人们摆脱了死记硬背的命令,通过窗口、按钮、菜单等方式执行操作,比如在 Windows 11 系统下自带的计算器的标准界面,如图10-1所示。

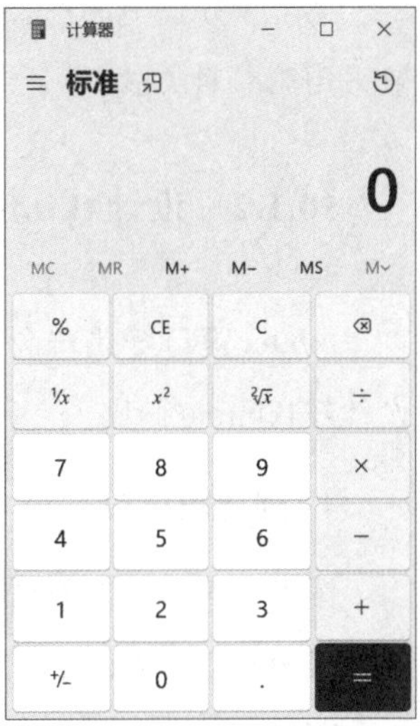

图 10-1　GUI 应用示例

239

tkinter是一个开源的GUI标准库,具有可访问性、可用性、可移植性,使用tkinter模块开发的Python图形化用户界面可运行在当前所有主流操作系统上,比如Windows、Linux以及Mac OSX系统上,并显示与平台风格一致的外观。tkinter大约有25种基本的组件类型,还有各种大型的扩展包,如Pmw、Tix、PIL和ttk等进行扩展,有利于快速搭建简单、跨平台的图形化用户界面。

tkinter本身包含Python和Tk库进行相互交互的含义。Tk是一个GUI库,最初由John Ousterhout开发的Tcl语言设计开发出来。在GUI程序代码执行过程中,Python的tkinter模块会在Tk上增加一个软件层,该层允许Python脚本与Tk发生对话,进行图形界面的构建和配置,经路径控制回到处理用户事件的Python脚本。

tkinter库提供了创建窗口、文本框、按钮、复选框、单选按钮、菜单等一系列组件,在进行GUI开发时,首先需要导入tkinter模块,由于tkinter是Python的一个内置模块,在安装Python软件时会默认安装该模块,因此不需额外的安装,可以通过以下方式直接导入:

方式一:

```
from tkinter import *
```

方式二:

```
import tkinter
```

第1种方式中的*是通配符,表示导入tkinter模块里的所有方法。在实际应用中,一般采用第一种方式。

10.1.2 设计tkinter窗口

tkinter窗口好比一个容器,将tkinter组件放置在里面,在进行用户界面设计时首先要设计好tkinter窗口。

1. 创建根窗口

图形用户界面程序首先要创建一个窗口,可以通过Tk()类的构造函数生成,这个窗口称为根窗口(也叫主窗口)。一个应用程序一般只有一个根窗口。

下面通过完整的代码创建一个空白的根窗口:

例 10-1 创建根窗口。

```
1    from  tkinter  import  *          #导入 tkinter模块所有组件
2    root_win = Tk()                   #创建一个根窗口
3    root_win.mainloop()               #循环事件
```

执行以上代码,运行结果如图 10-2 所示。

图 10-2　根窗口结果

上述代码中,第 1 行代码导入 tkinter 模块;第 2 行创建一个根窗口,通过查看 Tk()类定义的构造函数:def __init__(self,screenName=None,baseName=None,className='Tk',useTk=True,sync=False,use=None),发现里面有一个参数 className='Tk',这个参数决定了窗口的默认名称"tk";第 3 行代码中的 mainloop()函数将窗口一直显示在屏幕上,进入 tkinter 等待状态,不断的循环,随时准备响应用户发起的事件,如鼠标单击、文本框输入、键盘操作等,另外,mainloop()可以作为一个窗口的方法,即 root_win.mainloop()。

2. 设置根窗口属性

在例 10-1 中,我们已经运行得到了一个默认的空白根窗口,如何来改变窗口的标题、大小、背景颜色等属性呢? 以下方法可以设置窗口的样式,如表 10-1 所示。

表 10-1　窗口常见属性设置的方法

方法	功能
title()	设置窗口的标题,并返回窗口标题
geometry(widthxheight)	设置窗口的尺寸,并返回当前窗口的大小,单位为像素(px)
iconbitmap(bitmap=None)	设置窗口的图标,须指定图标文件(*.ico)的位置
maxsize()	设置窗口的最大尺寸
minsize()	设置窗口的最小尺寸

续表

方法	功能
config(bg=color)	设置背景颜色
resizable(width=None,height=None)	设置是否允许改变窗口的宽和高。如值为 True 或 1 表示允许，如值为 False 或 0 表示不允许

例 10-2 创建一个根窗口,将窗口的标题设置为"tk 窗口",大小为 500px×400px,背景颜色修改为红色。

```
1    from tkinter import *
2    root_win = Tk()
3    root_win.title("tk 窗口")              #设置窗口名称
4    root_win.geometry("500x400")        #设置大小尺寸
5    root_win.config(bg="red")           #设置窗口背景颜色为红色
6    root_win.mainloop()
```

执行以上代码,运行结果如图 10-3 所示。

图 10-3 窗口属性修改示范

上述代码中,第 4 行实现了对窗口大小的修改,长为 500px,高为 400px,两者之间为小写的 x。

3. 设置窗口位置

在例 10-2 中已经演示了如何设置根窗口的尺寸等,如果要设置根窗口在显示器屏幕中的位置,该如何做呢？首先确定坐标体系,这里以显示器左上角为坐标原点 A(0,0),水平向右为 x 轴正方形,垂直向下为 y 轴正方形,假设根窗口的最左边离 y 轴距离为 x,顶端离 x 轴距离为 y，如图 10-4 所示，则设置根窗口在显示器屏幕里的位置代码如下：

> root_win.geometry("widthxheight+x+y") #其中 x 表示窗口离 Y 轴距离，y 表示窗口离 X 轴距离。

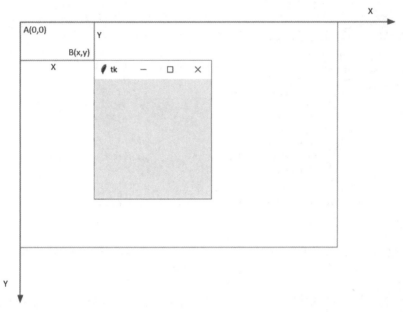

图 10-4　窗口定位

例 10-3 要求设置根窗口宽为 400px，高为 300px，标题为"居中设置"，位置为上下左右居中显示。

```
1    from tkinter import *
2
3    root = Tk()
4    root_w = 400                              #根窗口宽度
5    root_h = 300                              #根窗口高度
6    root.title("居中设置")                      #设置标题
7    root_scrw = root.winfo_screenwidth()       #获取显示器屏幕宽度
8    root_scrh = root.winfo_screenheight()      #获取显示器屏幕高度
9    root_x = int((root_scrw-root_w)/2)         #水平居中
10   root_y = int((root_scrh-root_h)/2)         #垂直居中
11   root.geometry("{}x{}+{}+{}".format(root_w,root_h,root_x,root_y))#设置窗口大小和
```

```
         位置
12
13    root.mainloop()
```

执行以上代码,运行结果如图10-5所示。

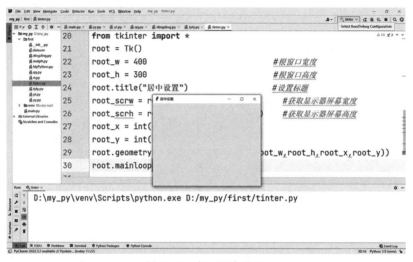

图10-5　窗口居中设置

上述代码中,实现了窗口的居中设置,第7行和第8行获取显示器的宽度和高度,第9行和第10行计算根窗口距离左侧和顶部的距离,这里需要注意,距离以像素为单位,要取整数,第11行代码通过字符串的format()方法设置geometry()方法的各个参数。

10.1.3　tkinter 组件概述

在一个窗口设计中,组件(Widget)是不可缺失的,是tkinter窗口设计的核心部分,如表10-2所示,列出了常见的组件信息。

表10-2　常见组件

组件名称	功能介绍
Label	标签组件,显示文本信息和位图信息等
Entry	单行输入组件,用于用户输入单行文本信息
Spinbox	输入组件,和Entry组件类似,既可以输入内容,也可以从现有选项中选择值
Scale	范围组件,用于显示一个数值范围
Button	按钮组件,一般单击按钮实现某些功能操作

续表

组件名称	功能介绍
Checkbutton	复选框组件,允许用户选择多个对象
Radiobutton	单选按钮组件,用户只能选择其中一个对象
Frame	框架组件,可以装载其他组件
LabelFrame	标签框架组件,用于将多个组件放置在一起,取个统一的名称
PanedWindow	分区窗口,是窗口布局管理的插件,可以实现对子组件大小的调整
Toplevel	容器组件,可以为其他组件提供单独的容器,类似Frame
Message	消息组件,可以显示多行文本信息
Menu	菜单组件,为窗口添加菜单项,如弹出菜单和下拉菜单等二级菜单
Menubutton	菜单按钮组件,显示菜单项
Canvas	画布组件,用来显示图形元素
Scrollbar	滚动条组件,如果显示的内容超过可视化区域则自动出现滚动条

　　组件在窗口设计中,可以单独存在,也可以作为一个容器包含其他组件。如果包含其他组件,那么这个组件可以称为"父组件",其他被包含的组件称为"子组件"。在组件的使用过程中,需要先确定各个组件之间的关系,是相互独立还是有包含关系,并确定它们之间的排列位置,再添加到根窗口中。

　　组件如何应用到窗口中,这里以Label标签组件为例,做个简单介绍。

　　例10-4　要求在根窗口中显示文本信息,内容为"Hello,Python!"

```
1    from tkinter import *
2
3    root = Tk()                          #创建根窗口
4    root.geometry("200x150")             #设置根窗口大小
5    label_inf = Label(root, text="Hello, python! ") #创建label标签对象
6    label_inf.pack()                     #将label_inf对象放到根窗口
7
8    root.mainloop()
```

执行以上代码,运行结果如图10-6所示。

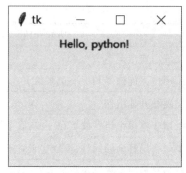

图 10-6　label标签

上述代码中,第5行代码使用Label()构造函数创建一个label_inf标签,构造函数中有2个参数,第一个参数说明Label组件的放置在root窗口中,第二个参数text属性值说明要在根窗口内显示的信息;第6行代码调用了Label标签的pack()方法,将标签对象放置到根窗口中,没有该行在根窗口将无法显示Label标签信息。

1. 组件的公共属性

每一个组件都有自己的一些属性,但它们又有个别属性是通用的,这些通用的属性我们称为公共属性。表10-3中列出了各组件的公共属性及含义。

表10-3　组件公共属性及含义

属性	含义
width	设置组件的宽度
height	设置组件的高度
background/bg	设置组件的背景颜色
foreground/fg	设置组件中文字的颜色
anchor	设置文字在组件中的位置
relief	设置组件边框的样式
cursor	设置组件鼠标经过组件时的形状
font	设置组件中文字的样式
bitmap	用来显示tkinter内置的位图

说明:①组件的尺寸在默认情况下根据组件的文字内容大小决定,也可以通过width和height进行修改,若组件尺寸大小为整数,则单位为像素;②组件的颜色,包括背景色(bg)和文字的颜色(fg),一般采用十六进制的颜色值或英文单词表示,如"#FFF"表示白色,"red"表示红色等;③组件的边框样式通过relief属性设置,有6种:FLAT、SOLID、RAISED、RIDGE、GROOVE、SUNKEN,效果如图10-7所示;④文字信息在组件中的位置,在默认情况下是居中排列,也可以根据anchor属性设置显示在E、SE、S、SW、W、NW、N、NE等8个位置,如图10-8所示;⑤文字样式(font)的设置一般包括文字的字体和大小两

部分,如 font=('Arial', 16)),表示组件内的字体为"Arial",大小为 16;6)光标(cursor)形状会因操作系统的不同而不同,大概有21种样式,如表10-4所示。

表 10-4　光标样式选项

"arrow"	"cross"	"heart"	"trek"	"mouse"	"star"
"circle"	"plus"	"sizing"	"man"	"spraycan"	"fleur"
"clock"	"exchange"	"atcross"	"spider"	"priate"	"dotbox"
"target"	"watch"	"shuttle"			

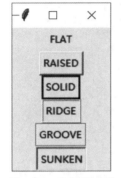

图 10-7　边框样式图

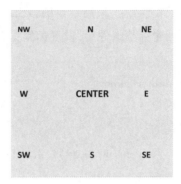

图 10-8　文字在组件中的位置

2. 组件公共属性设置方法

要显示组件的公共属性,一般有三种方式实现:

(1)在创建组件对象时,直接设置相关的参数属性,也是最常用的方式。

例 10-5　创建标签组件时,显示内容为"公共属性",字体为"Arial",大小为 16。

```
1    from tkinter import *
2
3    root = Tk()
4    label = Label(root, text="公共属性", font=("Arial", 16)).pack()
5
6    root.mainloop()
```

(2)创建组件对象后,使用 config()方法实现对多个对象属性的设置。

例 10-6　创建标签组件后,修改组件的背景颜色为:#22bbcc,文字颜色为:red。

```
1    from tkinter import *
2
```

```
3      root = Tk()

4      label = Label(root, text="公共属性config()方法")

5      label.config(bg="#22bbcc", fg="red")

6      label.pack()

7

8      root.mainloop()
```

（3）创建组件对象后,采用字典的索引的方式重新组件设置。

例10-7 创建标签组件后,设置标签宽20像素,高5像素。

```
1      from tkinter import *

2

3      root = Tk()

4      label = Label(root, text="公共属性设置大小")

5      label["width"] = 20

6      label["height"] = 5

7      label.pack()

8

9      root.mainloop()
```

10.1.4 常见组件介绍

在表10-2中,我们已经对常见组件功能做了一个基本介绍,接下将介绍这些组件的属性。

1. 标签组件(Label)

在前面的介绍中已经多次使用了标签组件,通常情况下标签组件主要用于添加文字信息或图片信息,创建标签组件对象的语法格式是:

```
label = Label(master, option, ……)
```

其中:

★master表示Label的父窗口。

★option表示各种可选属性,根据需要进行添加。

Label常见的option属性如表10-5所示。

表10-5　标签组件常用属性

属性	功能
text	在标签上显示的文字信息
image	在标签上显示的图片信息
bg(background)	设置背景色
borderwidth	设置标签边框宽度,默认2
fg(foreground)	设置文字颜色
height	设置标签高度
width	设置标签宽度
padx	文本左右两侧的附加填充
pady	文本上下两侧的附加填充
state	标签状态:NORMAL,ACTIVE,DISABLED
justify	text多行文本信息时,设置最后一行的对齐方式;若只有1行,该属性无效

在Label组件中添加文本信息已经在前面的内容中做过介绍,这里不再累赘,那么如何在Label中添加图像信息呢? 需要创建一个PhotoImage对象并将图像传递过去。

例10-8　有一张小白兔的邮票图片保存在D:\rabbit.png,将其显示在Label中。

```
1    from tkinter import *
2
3    root = Tk()
4    rabbit_img = PhotoImage(file=r"d:\rabbit.png")  #创建图片对象 rabbit_img
5    Label(root, image=rabbit_img).pack()            #将图片插入标签中
6
7    root.mainloop()
```

执行以上代码,运行结果如图10-9所示。

图10-9　Label中添加图像

上述代码中,第4行中PhotoImage()方法的参数file指图片存放的路径,在路径前面需要加上小写字母"r",可以避免路径中"\"和个别字母组合产生转义功能,这里如果不加"r",则"\t"组合表示制表符,无法表示路径;另外,PhotoImage()方法不支持.jpg格式图片,若想支持可以通过安装第三方模块PIL实现。

2. 单行文本框组件(Entry)

Entry组件主要用于单行文本的输入操作,经常出现在用户注册或登录界面中。创建单行文本框组件对象的语法格式为:

entry = Entry(master, option, ……)

其中:

★master表示Entry的父窗口。

★option表示各种可选属性,根据需要进行添加。

Entry常见的option属性如表10-6所示。

表10-6 Entry组件常用属性

属性	功能
background	设置文本框背景颜色,可以是颜色单词也可以是16进制数
borderwidth	设置文本框边框宽度
foreground	设置文本框内文字颜色,可以是颜色单词也可以是16进制数
selectbackground	文本框中选中文字背景颜色,可以是颜色单词也可以是16进制数
show	将文本框中输入的字符以其他符号显示,如密码输入用"*"显示
textvariable	StringVar()对象,文本框的值
width	文本框的长度
xscrollcommand	设置文本框口水平滚动

例10-9 邮箱登录界面设计:要求有输入邮箱和密码的单行文本框,其中密码用"*"显示。

```
1    from tkinter import *
2
3    root = Tk()
4
5    label_name = Label(root, text="邮箱")        #创建邮箱标签
6    label_name.grid(row=0, column=0)            #设置邮箱标签的位置
```

250

```
7

8    entry_name = Entry(root)                #创建单行文本框

9    entry_name.grid(row=0, column=1)        #设置文本框的位置

10

11   label_passwd = Label(root, text="密码")   #创建密码标签

12   label_passwd.grid(row=1, column=0)      #设置密码标签位置

13

14   entry_passwd = Entry(root, show="*")    #设置密码文本框显示为"*"

15   entry_passwd.grid(row=1, column=1)      #设置密码文本框位置

16

17   root.mainloop()
```

执行以上代码,输入邮箱"wmin129@163.com"和密码后,结果如图10-10所示。

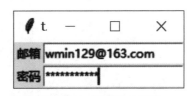

图10-10　邮箱登录界面

上述代码中,第5行到第15行分别创建了邮箱和密码标签和相应的单行文本框,通过grid()方法,将标签和文本框放置到指定的位置,grid()方法的使用将在后续"管理布局"中做介绍,第14行代码通过文本框属性show="*",将密码文本框输入的信息用"*"显示。

3. 多行文本框组件(Text)

单行文本框输入的文本信息有限,一旦需要输入的内容比较多,可以通过多行文本框来实现。Text组件主要用来显示多行文本信息,如果输入内容超过多行文本框的长度会自动换行。在Text组件中,不仅可以输入纯文本信息,还可以添加图片、按钮等。创建多行文本框组件对象的语法格式为:

```
text = Text(master, option, ……)
```

其中:

master表示Text的父窗口。

option表示各种可选属性,根据需要进行添加。

Text常见的option属性如表10-7所示。

表10-7　Text组件常用属性

属性	功能
background	设置多行文本框背景颜色,可以是颜色单词也可以是16进制数
borderwidth	设置多行文本框边框宽度
foreground	设置多行文本框内文字颜色,可以是颜色单词也可以是16进制数
selectbackground	设置文本框中选中文字背景颜色,可以是颜色单词也可以是16进制数
state	设置Text状态,可选"normal"、"disabled"
width	多行文本框的长度
height	多行文本框的高度
xscrollcommand	设置多行文本框口水平滚动
yscrollcommand	设置多行文本框口垂直滚动

例10-10 在某宝完成购物以后,买家可以对商品进行评价。现要求制作一个评价界面,第一行标签内容为"评价",第二行文本框宽20,高5,第三行标签内容为"提交"。

```
1    from  tkinter  import  *
2
3    root  =  Tk()
4    Label(root, text="评价").pack()          #评价标签
5    Text(root, width=20, height=5, bg="#aa23cc").pack() #多行文本框
6    Label(root, text="提交").pack()          #提交标签
7
8    root.mainloop()
```

执行以上代码,运行结果如图10-11所示。

图10-11　评价界面

4. 按钮组件(Button)

按钮组件随处可见,在各类应用程序中广泛使用,必不可少。通过按钮绑定事件,从

而实现了单击按钮执行相应的功能,比如在程序安装过程中的下一步按钮,信息填写完成后的确认按钮等。Button组件不仅可以显示文字信息,也可以显示图片信息。创建按钮组件对象的语法格式为:

button = Button(master, option, ……)

其中:

★master表示Button的父窗口。

★option表示各种可选属性,根据需要进行添加。

★Button常见的option属性如表10-8所示。

表10-8　Button组件常用属性

属性	功能
background	设置按钮背景色
borderwidth	设置按钮边框宽度
foreground	设置文字颜色
command	单击按钮时触发的事件
text	按钮上显示的文字
image	按钮上显示的图片
padx	默认是1,设置文字和按钮左右两侧距离
pady	默认是1,设置文字和按钮上下两侧距离
height	按钮高度
width	按钮宽度

例10-11　制作一个按钮,按钮上显示"单击一下",当单击该按钮后,会在按钮下方输出一个邮箱地址"wmin129@163.com",背景颜色为红色。

```
1    from tkinter import *
2    #定义函数f1
3    def f1():
4        label["text"] = "wmin129@163.com"
5        label["bg"] = "red"
6    root = Tk()
7    label = Label(root)
8    #定义按钮
```

```
9    button = Button(root, text="单击一下", padx=10, pady=10, command=f1)

10   button.pack()

11   label.pack()

12

13   root.mainloop()
```

执行以上代码,运行结果如图10-12所示。

图10-12　单击按钮前　　图10-13　单击按钮后

上述代码中,第3行到第5行代码定义了一个函数f1,函数体内容采用字典的索引的方式重置标签组件的文本信息和背景颜色;第9行代码设置了一个按钮,按钮上显示文字信息"单击一下",当单击该按钮时,将触发执行f1函数,即显示邮箱地址和背景颜色,如图10-13所示。

5. 单选按钮组件(Radiobutton)

单选按钮是指在一组选项里只能选择一个对象,要实现整个功能,关键在于将这组单选按钮的variable参数值设置为同一个值,再通过value属性值表示该选项的含义。创建单选按钮组件对象的语法格式为:

```
r_button = Radiobutton(master, option, ……)
```

其中:

★master表示Radiobutton的父窗口。

★option表示各种可选属性,根据需要进行添加。

Radiobutton常见的option属性如表10-9所示。

表10-9　Radiobutton组件常用属性

属性	功能
text	Radiobutton旁边的文字信息
image	Radiobutton文本图像显示
command	单击Radiobutton时触发的事件

属性	功能
cursor	鼠标放置在上面时的样式
variable	Radiobutton选中时的变量名,必须设置为全局变量名,可以通过get()函数获得
value	Radiobutton关联的值
background	按钮背景色
foreground	文字颜色

例10-12　猜灯谜游戏。元宵佳节猜灯谜赏灯花是中国的一项传统节日活动,现将谜底以单选的形式展现,如果猜对了,显示"恭喜,你猜对了!",如果猜错了,显示"继续加油!"。现有一个灯谜:"一月一日非今天",猜一字,要求在界面上实现上述方案。

```
1    from tkinter import *
2
3    def f_caimi():                    #定义函数 f_caimi
4        if v.get() == 1:
5            re_label.config(text = "恭喜,你猜对了! ", foreground = "red")
6        else:
7            re_label.config(text = "继续加油! ")
8    root = Tk()
9    v = IntVar()
10   #定义标签
11   Label(root, text = "灯谜:'一月一日非今天',猜一字。").pack()
12   #定义三个单选按钮
13   Radiobutton(root, text = "明", variable=v, value= 1).pack()
14   Radiobutton(root, text = "后", variable=v, value= 2).pack()
15   Button(root, text = "确定", command = f_caimi).pack()
16   re_label = Label(root)            #定义答案标签
17   re_label.pack()
18
19   root.mainloop()
```

执行以上代码,运行结果如图10-14所示。

图 10-14　原始图

上述代码中，第3行到第7行代码定义了一个函数 f_caimi，该函数根据单选按钮的选择返回相应的结果，函数体内容采用 config() 方法重置 re_label 标签组件显示的文本信息和文字颜色；第9行代码定义了该组按钮的 variable 变量值，第13行和第14行定义两个单选按钮并设置按钮后面显示的文字信息，第15行按钮上显示文字信息"确定"，当单击该按钮时，将触发执行 f_caimi 函数，选中答案"明"出现如图 10-15 效果，选中"后"出现如图 10-16 所示效果。

图 10-15　猜对效果　　　　图 10-16　猜错效果

6. 复选框组件（Checkbutton）

复选框组件和单选框非常相似，但复选框可以选择多个选项。创建复选框钮组件对象的语法格式为：

```
c_button = Checkbutton(master, option, ……)
```

其中：

★master 表示 Checkbutton 的父窗口。

★option 表示各种可选属性，根据需要进行添加。

Checkbutton 常见的 option 属性如表 10-10 所示。

表 10-10　Checkbutton 组件常用属性

属性	功能
background	复选框背景颜色
foreground	复选框文字颜色
command	单击该复选框时触发的事件

属性	功能
text	复选框旁边的文本信息
variable	全局变量,复选框选中时设置的变量名
height	文本占用的高度,默认1行
image	复选框文本图像显示

例 10-13 除夕是中国农历新年前的最后一天,也是一年中家庭团聚、祭祖、贴春联、吃团圆饭等传统习俗最重要的日子。幼儿园老师在春季开学时,要求小朋友们回忆除夕夜和家里哪些人一起吃团圆饭,请同学们帮忙制作这个调查问卷界面。

```
1    from tkinter import *
2
3    root = Tk()
4    label = Label(root, text="亲爱的小宝贝,除夕夜你都和谁一起吃团圆饭,可以
     想下告诉老师吗？")
5    label.pack()
6    Checkbutton(root, text="幼儿本人").pack()
7    Checkbutton(root, text="妈妈").pack()
8    Checkbutton(root, text="爸爸").pack()
9    Checkbutton(root, text="哥哥").pack()
10   Checkbutton(root, text="妹妹").pack()
11   Checkbutton(root, text="爷爷").pack()
12   Checkbutton(root, text="奶奶").pack()
13   Checkbutton(root, text="外婆").pack()
14   Checkbutton(root, text="外公").pack()
15   Checkbutton(root, text="叔叔").pack()
16   Checkbutton(root, text="阿姨").pack()
17   Button(root, text="提交").pack()
18
19   root.mainloop()
```

执行以上代码,运行结果如图 10-17 所示。

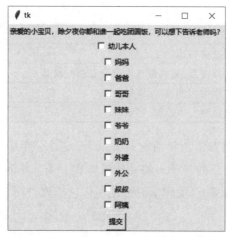

图 10-17　除夕夜团圆饭调查

上述代码中,第4行添加一个标签,输入了标题,第6至第16行添加11个复选框并输入文本信息,第17行添加一个按钮。

请思考一下,能否在例10-13的基础上修改代码,完成以下要求:在选择好复选框选项,单击"提交"按钮后,在"提交"下方显示:"年夜饭我和家里人***一起吃饭!",其中****表示选中复选框的文本信息。

10.1.5　菜单(Menu)

在各类窗口设计中,菜单是非常常见的,通过菜单选项,可以快速地找到各个功能。一般情况下,窗口内的菜单分为:主菜单、下拉菜单、右键菜单。

Menu常见的属性如表10-11所示。

表 10-11　Menu常见属性介绍

属性	功能
add_command(option)	添加一个菜单项
add_cascade(option)	添加一个父菜单
add_separator(option)	添加一条分割线
delete(index1,index2……)	删除 index1 等所有菜单项
index(index,itemType,option)	返回 index 参数相对应的选项的序号
insert_cascade(index,option)	指定位置添加父菜单项
insert_command(index,option)	指定位置添加一个子菜单
insert_separator(index,option)	指定位置添加一个分割线

其中option参数的值和功能如表10-12所示。

表 10-12 option 参数的值及功能

参数值	功能
treaoff	设置菜单能否从窗口中分离（默认 True）
cursor	鼠标移到菜单组件上时，鼠标的样式
background	设置背景颜色
font	菜单组件中的文字样式
foreground	菜单组件的前景色
relief	设置边框样式
title	被分离的菜单的标题（默认是父菜单的名称）

1. 主菜单

主菜单也称为"顶级菜单"，显示在窗口的顶部，主菜单一般可以展开多个子菜单。创建一个菜单一般可以分三步实现：

（1）使用 Menu 类里的 Menu() 方法创建一个菜单对象；

（2）使用菜单对象的 add_command() 方法添加菜单项；

（3）确定菜单项被单击时激发的事件。

例 10-14 设计一个 WPS 文档的主菜单。

```
1    from tkinter import *
2
3    root = Tk()
4    root.title("WPS主菜单")          #定义窗口标题
5    root.geometry("500x50")         #定义窗口大小
6    menu = Menu(root)               #创建菜单对象
7    for item in ["开始", "插入", "页面布局", "引用", "审阅", "视图", "章节",
    "开发工具"]:                      #通过for循环实现添加菜单项
8        menu.add_command(label=item)
9    root.config(menu=menu) #显示菜单
10
11   root.mainloop()
```

执行以上代码，运行结果如图 10-18 所示。

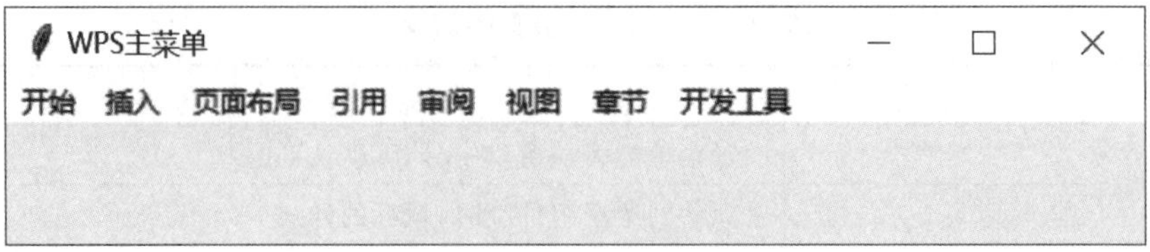

WPS主菜单　　　　　　　　　　　　　　　 －　□　×

开始　插入　页面布局　引用　审阅　视图　章节　开发工具

图10-18　Word主菜单图

上述代码中,第6行使用Menu()方法创建菜单组件menu,第7行和第8行在for循环中采用add_command()方法添加菜单选项,并通过参数label指定菜单名称,第9行中使用menu属性将菜单menu指定为root窗口的菜单。

2. 下拉菜单

单击主菜单时展开的子菜单称为下拉菜单,一般出现在菜单项比较多时。添加下拉菜单一般可以分为三步:

(1)使用Menu()方法创建主菜单;

(2)调用add_cascade()方法并通过label和menu属性分别确定主菜单名和将下拉菜单添加到主菜单下;

(3)创建下拉菜单并使用add_command()方法及label属性创建下拉菜单项。

例10-15　自定义设计一个WPS文档的"开始"和"插入"菜单的下拉菜单。

```
1   from tkinter import *
2
3   root = Tk()
4   root.title("WPS下拉菜单")
5   root.geometry("200x50")
6   menu1 = Menu(root)#主菜单
7   meun2 = Menu(menu1,tearoff=False)        #第1个下拉菜单
8   menu1.add_cascade(label="开始", menu=meun2)
9   meun2.add_command(label="剪切板")
10  meun2.add_command(label="字体")
11  meun2.add_command(label="段落")
12  meun2.add_command(label="样式")
13  meun3 = Menu(menu1, tearoff=False)       #第2个下拉菜单
14  menu1.add_cascade(label="插入", menu=meun3)
15  meun3.add_command(label="表格")
16  meun3.add_command(label="插图")
```

```
17    meun3.add_command(label="文本")
18    meun3.add_command(label="页眉页脚")
19    root.config(menu=menu1)
20
21    root.mainloop()
```

执行以上代码,运行结果如图10-19所示。

图10-19　下拉菜单

上述代码中,第7行和第13行分别创建了一个下拉菜单并设置下拉菜单不能从窗口分离出去,第8行和第14行设置了主菜单的名称并将主菜单和下拉菜单进行关联,第9行到第12行和第15行到18行设置了下拉菜单的名称,第19行将菜单显示在窗口中。

3. 右键菜单

右键菜单即将菜单和鼠标右键绑定后鼠标右键产生的菜单,是一个非常有用的GUI功能,它可以向用户提供快捷访问常用功能的选项,从而提高效率,改善用户体验。当鼠标右键时,可以根据当前鼠标的位置确定需要弹出哪个菜单,再使用Menu()类的pop()方法弹出。实现右键菜单功能步骤如下:

(1)导入tkinter模块

```
from tkinter import *
```

(2)创建GUI应用程序窗口

```
root = Tk()
```

(3)创建用于右键上下文菜单的菜单组件

```
menu = Menu(root, tearoff=0)
```

（4）定义菜单中的每一项

```
menu.add_command(label="Item1", command=item1_callback)
menu.add_command(label="Item2", command=item2_callback)
menu.add_separator()
menu.add_command(label="Exit", command=exit_callback)
```

（5）创建右键上下文菜单的绑定操作

```
root.bind("<Button-3>", show_menu)
```

（6）定义右键点击时弹出右键菜单

```
defshow_menu(event):
menu.post(event.x_root, event.y_root)
```

（7）根据需要为每个选项定义不同的回调函数

```
def item1_callback():
do_something
```

（8）最后运行程序

```
root.mainloop()
```

例 10-16 设计一个右键菜单功能，在标签内单击右键弹出复制、删除、编辑等菜单。

```
1    from  tkinter  import  *
2
3    root  =  Tk()
4    b=Label(root,  text  =  "",  bg  =  "blue",  width  =  10)  #建立空表
5    b.pack()
6    def show_menu(e):
7        w  =  e.widget
```

```
8        x = e.x_root                                #获取坐标

9        y = e.y_root

10       menubar = Menu(w, tearoff = 0)              #创建菜单

11       menubar.add_command(label = "复制")

12       menubar.add_command(label = "删除")

13       menubar.add_command(label = "编辑")

14       menubar.post(x, y)                          #在坐标上显示菜单

15   b.bind("<Button-3>", show_menu)                 #对 label 添加右击事件

16

17   root.mainloop()
```

执行以上代码,运行结果如图 10-20 所示。

图 10-20　右键菜单图

10.1.6　布局管理

布局管理是在创建图形用户界面(GUI)时非常重要的一个方面。布局管理可以帮助您控制窗口中各元素的位置和大小,从而实现美观和易于使用的界面。

在 Python 的 TkinterGUI 框架中,有 3 种常见的布局管理方法:pack()、grid()和 place(),每种方法都有不同的优缺点,下面将对这几种方法进行介绍。

1. pack()方法

pack()是 tkinter 中最简单的布局管理方式,您可以把元素从上到下或从左到右依次放置,并可以控制元素的对齐方式和间距。pack()方法的语法如下:

widget.pack(options)

其中,"widget"是要放置的 tkinter 组件,"options"是一组可选参数,可以调整组件的外观和布局。pack 的常见选项见表 10-13 所示。

表 10-13　pack常见选项及功能

属性	功能
anchor	确定组件相对于容器的位置,有效值为 N、E、S、W、NE、NW、SE、SW、CENTER 等
side	组件要放置在窗口的哪一边,有效值为 LEFT、TOP、RIGHT 或 BOTTOM
fill	决定如何填充组件的空间,有效值为 X、Y 或 BOTH
expand	如果设置为 True,则在可用的空间被使用之前,组件将扩展以填充窗口
padx	组件与窗口的水平边缘之间的水平间距
pady	组件与窗口的垂直边缘之间的垂直间距

例 10-17　请编写一个 PythonGUI 应用程序,该应用程序可以接收用户的名字和年龄。请使用"pack()"方法布局 GUI 组件。

```
1    from tkinter import *
2
3    #创建主窗口
4    root = Tk()
5    root.geometry("400x200")
6    #创建两个标签,提示用户输入姓名和年龄
7    label_1 = Label(root, text="Enter your name: ")
8    label_2 = Label(root, text="Enter your age: ")
9    #创建两个文本框,接收用户的输入
10   entry_1 = Entry(root)
11   entry_2 = Entry(root)
12   #创建按钮,提交用户的输入
13   button = Button(root, text="Submit")
14   #将标签和文本框布置在窗口的顶部,并与窗口的边缘保持10像素的距离
15   label_1.pack(side=TOP, padx=10, pady=10)
16   entry_1.pack(side=TOP, fill=X, padx=10, pady=10)
17   label_2.pack(side=TOP, padx=10, pady=10)
18   entry_2.pack(side=TOP, fill=X, padx=10, pady=10)
19   #将按钮布置在窗口的底部,并与窗口的边缘保持10像素的距离
20   button.pack(side=BOTTOM, padx=10, pady=10)
21
22   root.mainloop()
```

执行以上代码,运行结果如图10-21所示。

图10-21　登录界面

2. grid()方法

grid()是tkinter中最常用的布局管理方式,您可以将窗口划分成一个二维网格,由行和列组成,在网格中放置组件,从而实现灵活的布局。grid()的语法格式是:

> widget.grid(options)

其中,"widget"是要放置的tkinter组件,"options"是一组可选参数,具体如表10-14所示。

表10-14　grid()方法的常用属性

row	网格中的行号
column	网格中的列号
rowspan	组件应包含的行数(合并行数)
columnspan	组件应跨越的列数(合并列数)

根据表10-15所示,窗体网格中的位置排列可以表示为表格内的参数设置。

表10-15　网格参数设置

row=0,column=0	row=0,column=1
row=1,column=0	row=1,column=1
row=2,column=0,columnspan=2	

例10-18 设计一个登入界面,界面里的组件按grid()方法排列位置。要求:窗体标题为"网格设计",第一行第一列设置一个按钮,显示内容为"用户名",第一行第二列一个文本框,第二行第一列一个按钮,显示内容为"密码",第二行第二列为文本框,第三行(合并2列)为一个"提交"按钮,其余参数根据需要自定义设置。

```
1    from  tkinter  import  *
2
```

```
3    root = Tk()
4    root.title("网格设计")
5    username_label=Button(root, text="用户名", width=10)
6    username_entry=Entry(root)
7    password_label=Button(root, text="密码", width=10)
8    password_entry=Entry(root, show="*")
9    submit_button=Button(root, text="提交", width=20, bg="yellow", fg="red")
10   #设置各组件在窗体的排列布局
11   username_label.grid(row=0, column=0)
12   username_entry.grid(row=0, column=1)
13   password_label.grid(row=1, column=0)
14   password_entry.grid(row=1, column=1)
15   submit_button.grid(row=2, column=0, columnspan=2, pady=10)
16
17   root.mainloop()
```

执行以上代码,运行结果如图10-22所示。

图10-22　网格排列

3. place()方法

place()这种布局管理方式允许您通过绝对坐标来指定组件的位置,从而实现非常精确的布局。place()的语法格式是:

```
widget.place(options)
```

其中,"widget"是要放置的tkinter组件,"options"是一组可选参数,具体如表10-16所示。

表 10-16　place()常用参数

参数	工程
x	组件相对于父容器的 x 坐标
y	组件相对于父容器的 y 坐标
width	组件的宽度
height	组件的高度

除了这些参数外，place()方法还可以接受其他几个参数，例如 relx，rely，relwidth，relheight，anchor 和 bordermode，这些参数允许您进一步控制组件的位置。需要注意是 place()方法没有 grid()方法灵活，因为它需要您指定组件的精确坐标。但是，在需要精确定位组件的情况下，它很有用。

例 10-19　在一个窗体里，精确排列两个不同颜色的标签，第一个红色标签坐标在（10，10），第二个蓝色标签坐标在（10，60），两个标签都宽 100，高 40。

```
1    from  tkinter  import  *
2
3    root  =  Tk()
4    root.title("Place 排列布局")
5    root.geometry("160x120")
6    label1 = Label(root, text = "红色标签", bg = "red", fg = "white")
7    label2 = Label(root, text = "蓝色标签", bg = "blue", fg = "white")
8    #精确定位两个标签在窗口中的坐标
9    label1.place(x = 10, y = 10, width = 120, height = 40)
10   label2.place(x = 10, y = 60, width = 120, height = 40)
11
12   root.mainloop()
```

执行以上代码，运行结果如图 10-23 所示。

图 10-23　精确排列

10.1.7 事件处理

事件处理是GUI编程中的一种机制,可以实现对用户交互做出响应,例如鼠标单击、键盘按键和鼠标移动等。事件处理的目标是通过及时和适当的方式响应用户操作来创建流畅的交互式用户体验。在tkinter中事件处理需要绑定函数到触发的组件,可以使用组件的command选项和bind()方法实现。

1. command 事件处理

人机交互过程中,程序对事件的处理一般通过方法或函数来实现。在前面的学习中,我们已经尝试过对简单的事件处理,通过组件的command属性绑定,一旦事件发生,那么command绑定的方法或函数就被触发激活。以下通过按钮组件实现事件处理:

例10-20 通过按钮绑定事件,单击按钮显示内容"Hello, python!"。

```
1    from  tkinter  import  *
2
3    #定义发生的具体事件
4    def  show_message():
5        label.config(text  =  "Hello, python!")
6    root  =  Tk()
7    root.title("Tkinter Example")
8    label  =  Label(root, text  =  "单击按钮显示信息")
9    label.pack()
10   #通过command绑定按钮事件
11   button  =  Button(root, text  =  "单击左键", command  =  show_message)
12   button.pack()
13
14   root.mainloop()
```

执行以上代码,运行结果如图10-24所示。

图10-24 鼠标单击左键事件

2. bind事件处理

在事件处理中,如果需要为具体的行为绑定事件处理,比如按下鼠标左键,释放鼠标左键,按下键盘某个键等,command属性将无法实现,而bind()方法能够很好处理这些具体事件。bind()方法的语法格式为:

> widget.bind("<Event>", event_handler_function)

其中,"<Event>"是各种事件的类型,例如<Button-1>表示鼠标左键单击,<Double-Button-1>表示鼠标左键双击,<Return>表示回车键等。event_handler是事件处理函数,在用户触发特定事件时被调用。事件处理函数通常带有一个事件参数,其中包含有关事件的详细信息。

这里就事件"<Event>"再做详细介绍,事件的表示方式总得有三种,其中最常用的表示格式为:

> <modifier-modifier-type-detail>

这个事件表达模式是用一对"尖括号"括起来,在<>内可以有零个或多个修饰符(modifier)、一个事件类型(type)和一个标识特定按钮或按键符号的详细信息(detail),各参数选项之间必须用空格或破折号分隔,各选项的取值如表10-17和表10-18所示。

表10-17　modifer常见取值项

修饰符	功能
Ctrl	代表Ctrl键,用于修饰键盘事件
Alt	代表Alt键,用于修饰键盘事件
Shift	代表Shift键,用于修饰键盘事件
Command	代表Command键,用于修饰键盘事件,仅在Mac系统中可用
Double	代表双击事件,用于修饰鼠标事件
Triple	代表三击事件,用于修饰鼠标事件
Any	代表任何类型的按钮被按下时

表 10-18　type 和 detail 常用的取值项

type	功能
Button	代表鼠标按键事件,如: <Button-1>鼠标左键 <Button-2>鼠标中键 <Button-3>鼠标右键 <Button-4>鼠标上滚 <Button-5>鼠标下滚
Motion	代表鼠标在组件内移动事件
Enter	代表鼠标进入组件事件
Leave	代表鼠标离开组件事件
ButtonRelease	用户释放鼠标按键时触发事件
KeyRelease	用户按下键盘按键时触发事件

例 10-21 以下代码将绑定一个事件,在用户 Shift+鼠标左键单击按钮一次时,在标签上显示一个城市:温州。

```
1    from tkinter import *
2
3    #定义触发的事件信息
4    def show_message(event):
5        label = Label(root)
6        label.pack()
7        label.config(text = "温州")
8
9    root = Tk()
10   button = Button(root, text = "我来自……")
11   #定义事件触发器
12   button.bind("<Shift-Button-1>", show_message)
13   button.pack()
14
15   root.mainloop()
```

执行以上代码,运行结果如图 10-25 所示。

图 10-25   Shift+鼠标左键事件

10.2 项目实施

任务 10-1 中国移动话费充值界面设计

扫码看微课

1. 任务描述

设计一个移动充值界面,该界面具有以下功能:

★界面上设计一个可选的充值金额,比如 50 元和 100 元;

★界面上可以自己输入充值的金额;

★界面上有能够输入充值的手机号;

★输入数据后提交,显示"***手机号码,充值***,充值成功!"。

2. 任务分析

该项目主要用到以下组件:

★Radiobutton:用于选择充值金额;

★Label:用于显示提示信息;

★Button:用于提交订单;

★StringVar:将变量绑定单选按钮的值;

★Entry:用于输入手机号和充值金额;

★Grid:用户各组件的排列。

3. 任务实现

```
1    from tkinter import *
2
3    #创建主窗口
4    window = Tk()
5    window.title('移动话费充值')
6
```

```
7    #创建标签
8    label = Label(window, text = '请选择充值金额')
9    label.grid(row = 0, column = 0, columnspan = 2)
10
11   #创建单选框
12   value_yuan = StringVar()
13   value_yuan.set(0)
14   radiobutton1 = Radiobutton(window, text = '50元',
     variable = value_yuan, value = 50)
15   radiobutton2 = Radiobutton(window, text = '100元',
     variable = value_yuan,value = 100)
16   radiobutton1.grid(row = 1, column = 0)
17   radiobutton2.grid(row = 1, column = 1)
18
19   #创建标签
20   label = Label(window, text = '请输入充值金额:')
21   label.grid(row = 2, column = 0)
22
23   #创建文本框
24   entry = Entry(window)
25   entry.grid(row = 2, column = 1)
26
27   #创建文本框
28   label = Label(window, text = '电话号码:')
29   label.grid(row = 3, column = 0)
30   entry_tel = Entry(window)
31   entry_tel.grid(row = 3, column = 1)
32
33   #创建按钮
34   def recharge():
35       amount = int(entry.get()) + int(value_yuan.get())
36       phone = entry_tel.get()
37       #在这里添加调用支付接口的代码
38       result_label.config(text = '你的电话{},已经充值{},
         充值成功! '.format(phone,amount))
```

```
39    button = Button(window, text = '充值', command = recharge)

40    button.grid(row = 4, column = 0, columnspan = 2)

41

42    #创建标签

43    result_label = Label(window, text = ' ')

44    result_label.grid(row = 5, column = 0, columnspan = 2)

45

46    #启动主窗口

47    window.mainloop()
```

执行以上代码,运行结果如图10-26所示。

图10-26　移动充值话费界面

上述代码示例中,我们创建了一个主窗口,包括了三个标签、两个单选框、两个文本框、一个按钮和一个标签(用于显示充值结果)。当用户点击充值按钮时,程序会获取用户选择的充值金额和输入的电话号码,并调用第三方支付平台的接口来完成充值操作。在这里,我们只是简单地将充值结果显示在了界面上。

10.3　项目实训:毕业实习平台界面设计

查看参考代码

1. 项目描述

高等学校学生毕业需要至少半年的实习,在这期间,有一个专业的实习平台供师生交流并完成毕业任务。现要求同学们完成该实习平台的界面设计,主要功能包括:实习平台的标题,用户身份选择:教师或学生,登入用户名、密码、验证码(随机生成)以及确定按钮,如果登入成功,弹出对话框显示欢迎登入,否则弹出用户名或密码错误。界面如图10-27所示。

图10-27　毕业实习平台界面

2. 项目分析

（1）实训目的

①掌握tkinter中各组件的使用方法；

②掌握界面中组件的排列方法；

③掌握简单事件的处理方式。

（2）知识要点

①通过Label标签组件完成图片的插入；

②定义2个函数：第一个函数随机产生6位随机数，第2个函数获取文本框中的用户名、密码和验证码并核对信息，根据核对情况，弹出两种不同的提示界面。

3. 做一做

学生根据知识点，独立完成本实训。

10.4　思政讲堂：中国劳模——劳动创造价值，追求卓越的代表

中国劳模是在劳动竞赛中获得优秀成绩或者为国家做出突出贡献的工人、农民、知识分子、干部和军人的荣誉称号。自1950年起，中国开始表彰劳模，经过几十年的发展，劳模成了中国工人阶级和广大劳动人民的先进代表，是中国工人阶级的重要荣誉和光荣称号。

中国劳模的评选要求很严格，一般都要经过多个层次的选拔和评审，包括基层推荐、市、区、县（市）推荐、省、自治区推荐以及国家评审等环节。获得中国劳模称号的人员都是在自己的岗位上表现出色，取得了显著的成绩和突出的贡献。他们不仅是自己所在企业或单位的优秀代表，更是全国广大劳动人民的楷模和榜样，他们用实际行动践行了社

会主义核心价值观,展现了劳动人民的勤劳和创造力,彰显了中华民族的优秀传统和精
神风貌。

10.5 项目小结

本章介绍了图形用户界面设计,主要内容包括以下几个方面:

(1)tkinter是Python的标准GUI工具包,是一个用于创建GUI应用程序的模块。

(2)tkinter可以用于创建窗口、标签、按钮、文本框、复选框、单选按钮、菜单等各种
GUI元素。

(3)tkinter使用事件驱动模型来处理用户交互,并提供了许多事件处理函数,如鼠标
单击、键盘按键等。

(4)tkinter中的布局管理器可用于在窗口中放置和排列GUI元素。常见的布局管理
器包括grid、pack和place。

10.6 练习题

一、单选题

1. 在tkinter中,用于向窗口添加标签的组件是什么?(   )

    A. Button   B. Label   C. Entry   D. Canvas

2. 下面哪个方法可用于创建一个新的tkinter窗口?(   )

    A. Tk()   B. mainloop()   C. main()   D. grid()

3. 如何使用tkinter在窗口中创建一个按钮?(   )

    A. button=Button(text="Clickme")

    B. button=Label(text="Clickme")

    C. button=Entry(text="Clickme")

    D. button=Canvas(text="Clickme")

4. 在tkinter中,如何向窗口添加一个文本框?(   )

    A. Textbox()   B. Entry()   C. Inputbox()   D. Textfield()

5. 在tkinter中,如何将一个小部件放置在窗口中的特定位置?(   )

    A. pack()   B. grid()   C. place()   D. attach()

6. 在tkinter中,如何添加一个下拉菜单?(   )

    A. Dropdown()   B. Menu()   C. Combobox()   D. Select()

7. 在tkinter中,如何添加一个滚动条?(   )

    A. Scroller()   B. Scrollbar()   C. Slider()   D. Scroll()

二、判断题

1. 使用tkinter创建GUI程序时,需要先创建一个主窗口。 （　　　）
2. 在tkinter中,可以使用Label组件显示文本或图像。 （　　　）
3. 在tkinter中,可以使用Entry组件创建一个文本输入框。 （　　　）
4. 使用tkinter创建GUI程序时,可以通过调用mainloop()方法使程序进入事件循环。
（　　　）
5. tkinter中的Button组件可以用来创建按钮,但不能为按钮添加回调函数。 （　　　）

三、程序题

1. 编写一个tkinter程序,创建一个标签和一个按钮,点击按钮后修改标签的文本内容为"Hello,World!"。
2. 编写一个tkinter程序,创建一个文本框、一个按钮和一个标签,点击按钮后将文本框中的内容显示在标签上。
3. 编写一个tkinter程序,创建一个菜单栏和两个菜单项,分别用于显示"Hello"和"World"两个字符串。
4. 编写一个tkinter程序,创建一个列表框和一个按钮,点击按钮后将选中的列表项的文本内容显示在标签上。

参考文献

[1] 黑马程序员.Python快速编程入门[M].2版.北京:人民邮电出版社,2021.

[2] 明日科技,何平,李根福.Python GUI设计 tkinter从入门到实践[M].长春:吉林大学出版社,2021.

[3] 嵩天,礼欣,黄天羽.Python语言程序设计基础[M].2版.北京:高等教育出版社,2017.

[4] 陈春晖,翁凯,季江民.Python程序设计[M].杭州:浙江大学出版社,2019.

[5] 黑马程序员.Python程序开发案例教材[M].北京:中国铁道出版社,2020.

[6] 黑马程序员.Python实战编程:从零学Python[M].北京:中国铁道出版社,2019.